鼓浪屿老别墅

龚洁◎著

海峡出版发行集团
THE STRAITS PUBLISHING & DISTRIBUTING GROUP

鹭江出版社
LUJIANG PUBLISHING HOUSE

2018年·厦门

目　录

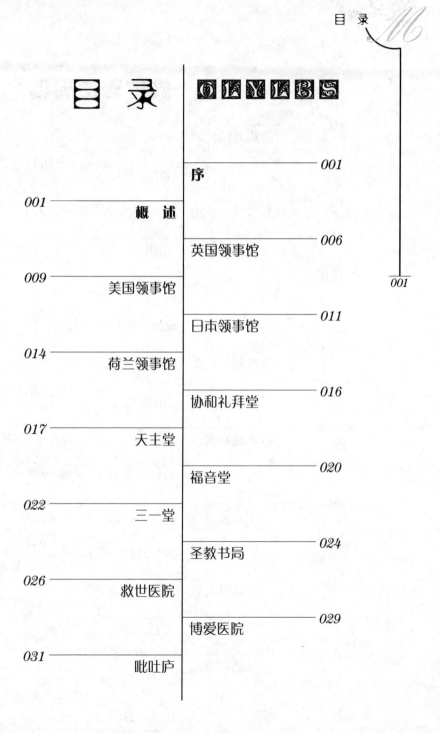

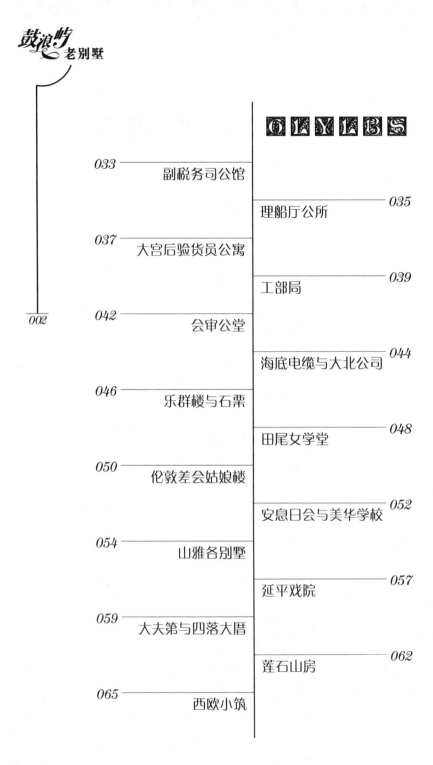

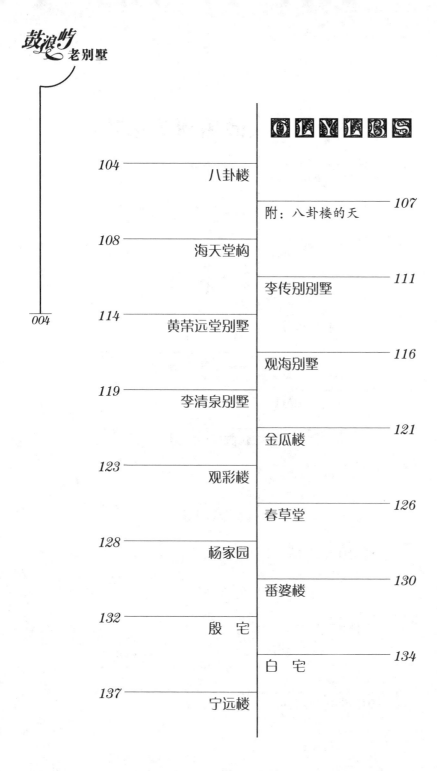

鼓浪屿 老别墅

OLYLBS

目录 16

OLYLBS

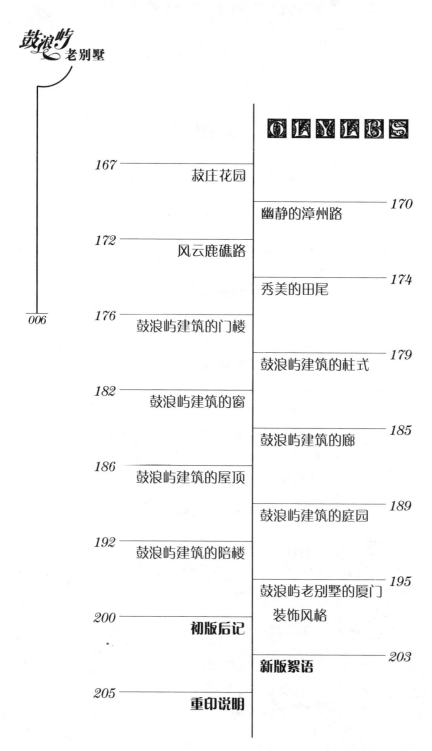

鼓浪屿 老别墅

CLYLBS

序

李茂荣

　　龚洁同志经过多年的辛勤努力，为鼓浪屿的建筑（大部分属于近代建筑）陆续写了大约 70 篇文章，付梓之际要我为之写个"开场白"。我虽喜欢鼓浪屿的建筑，但并无专门研究，要写好"开场白"也难，利用这个机会，讲些个人的感受和看法。

　　城市的老市区，往往是一座丰富多彩的建筑历史博物馆，鼓浪屿当然也不例外。拜读了龚洁同志生动的文章，感受更深。鼓浪屿是一座美丽的小岛，海岸曲折，山丘起伏，树绿花红，景色秀丽，如镶嵌在碧波大海中的一颗"翡翠"；翡翠之上的建筑，依山傍海，掩映在花簇绿丛之中，幢幢小巧玲珑，各具神态，形式多样，风格迥异，无不使人流连其间，徘徊忘返。因而有人誉之为"万国建筑博物馆"，虽然用词未必准确，却也表露出人们的厚爱之情。

　　既然称"万国建筑博物馆"，当然首先要数我们的传统建筑。鼓浪屿与闽南地区一样，是随着中原人氏陆续迁来而逐渐开发起来的；他们带来了中原文化，也带来了中原的建筑观念和建筑技术。早期的鼓浪屿建筑，与我国传统建筑一脉相承，元、明时期的建筑虽然已难以考证，但现存的清代民居仍可说明这个问题，如中华路 23—25 号的叶氏民居，海坛路 58 号的黄氏大夫第，鸟埭路 36 号的莲石山房等等。封闭的院落布局，严谨的中轴对称，重视屋顶和山墙的处理，都是闽南地区传统建筑的典型；墙体局部采用石料，屋脊做成柔和的凹形曲线，硬山两侧也多为曲线，正反映了地方建材的运用和南方人"曲则有情"的

情趣。在近代建筑中，仍然延续着中国传统的形式，如蜚声海内外的"菽庄花园"，完全沿用了中国传统的造园手法，讲究内外空间的渗透和流动，藏海借景，因地制宜，达到了用地有限而景色无限的艺术效果，加上中国传统的楼台亭阁点缀其间，颇具江南古典园林的风韵。可见把鼓浪屿建筑局限于"欧洲古典风格"之名下，完全是一种误解。

鼓浪屿也确实留存着许多欧洲古典形式的建筑，它们是近代历史条件下建设的产物。鸦片战争后，厦门被迫辟为通商口岸。西方列强纷纷涌进厦门时，更看中了鼓浪屿这个风景秀丽的小岛，于是抢滩占地，随心所欲地修建他们所需要和所喜欢的房子，诸如商行、公馆、别墅、学校、教堂等等。有许多房子的设计图纸，直接从欧洲带来，这就难免把当时欧洲的建筑形式也搬了过来，如英国、美国、荷兰的领事馆和万国俱乐部等等。这些建筑的立面在柱廊、窗框、檐口、基座等处有许多线条处理和细部装饰，都留下了欧洲古典建筑的样式。建于1917年的鹿礁路天主教堂，完全是欧洲中世纪哥特式教堂的缩影，外观雄浑华丽，正中的塔楼高耸直上，体量虽然不大，但至今仍是一幢经久耐看的建筑精品。如今，人们用不着远游千里，只需漫步鼓浪屿，便可大致领略欧洲过去的建筑风光，这恐怕是当年殖民者始料未及的。

20世纪20～30年代期间，许多华侨出于发展民族经济的夙愿，回到厦门投资兴业，也陆续在鼓浪屿兴建了许多建筑。这些华侨深受中华文化的熏陶，又受到欧美和东南亚一带文化的影响，因而他们盖的房子更显出"中外合璧"的特点。这些房子也各具特色，如黄家别墅等倾向于欧美形式，西林别墅、金瓜楼等倾向于东南亚形式，福建路40号住宅则保留着更多的中国传统建筑形式；而体量最大的、位置相当显眼的"八卦楼"，则集"阿拉伯清真寺、希腊神庙、罗马教堂和中国古典装饰"于一体，庄严宏伟，丰满和谐，已成为鼓浪屿的一座标志性建筑。

鼓浪屿近代遗留下的这一大批颇具特色的建筑，是鼓浪屿近代社会经济文化发展历程的见证。无论业主是谁，设计者是谁，它们都是我国劳动人民一砖一瓦辛勤建造的成果，其间包含着多少人的辛酸苦辣，也闪烁着多少人的聪明才智。如今，这些建筑有很多已成为鼓浪屿重要的人文景观，是当代人一笔丰富的共同财富：历史学家们可在这里探索鼓浪屿的沧桑历程，社会学者们可在这里研究鼓浪屿的风土人情，艺术家们可从这里探索美的规律，建筑师们可从这里汲取建筑创作的灵感，而更多的人们则可到这里欣赏自然美和艺术美。居住在鼓浪屿的人们引以自豪，到鼓浪屿旅游的人们为之倾倒。

正因为如此，鼓浪屿的不少建筑受到了社会的普遍关注。厦门市在历次编制和修订城市总体规划方案时，都明确提出了鼓浪屿是厦门市的一个重要的历史传统建筑风貌保护区，要求对那些具有特色的建筑，加以维修和保护，让它们重现昔日风采。随着现代城市的发展，人们对于历史遗产越加重视，保护好这些建筑，已是目前城市建设的一个重要内容。如今，鼓浪屿许多近代建筑已到了使用年限，亟待维修，但千万不要借"维修"之名，行"扩建"之实，任意扩大建筑面积，增加建筑层数，把原有建筑弄得"面目全非"；在维修中室内改建尽可现代化，但外观则应本着"修旧如旧"的原则，尽量保持原有风貌。这些工作，有待于城市建设立法提供保障，如由城市建设和文化部门组织专家，对鼓浪屿近代建筑进行认真的鉴定，提出具有保护价值的名单报市政府审定，并由市人民代表大会常务委员会通过"保护条例"，作为城市建设的法律依据。

当然，社会在发展，建筑也在进步，现代建筑以其新的功能、新的材料、新的技术以及新的构思来建设，将创造出比以往任何时代都辉煌的建筑。厦门的发展有着广阔的空间和足够新的建筑去开创、去发挥新的优势；然而，对于面积不大、已经"饱和"的鼓浪屿，从某种意义上讲，保护和维修更显重要。今后，

鼓浪屿不可避免还会有许多新的建设任务，无论是新建或改建，都不要去破坏原来的建筑格局，不要去影响原来的建筑风貌。因此，一定要在保护的前提下，安排好今后的建设发展规划，根据城市规划的要求，利用原有工厂搬迁和危旧房屋改造的时机，新建一批有特色、有效益的建筑。在当前要特别注意的是，不要让那些眼前的"经济效益"所迷惑，被那些流行的"现代建筑"所淹没。

为使鼓浪屿在今后建设中保持着她业已形成的特色，有关管理部门提出了"宜减不宜加、宜静不宜闹"和"宜低不宜高、宜小不宜大、宜散不宜聚、宜精不宜粗"等等要求，很有必要。所谓"宜减不宜加"，是指那些一般性危旧建筑拆除之后，腾出的土地要用来植树养花，增加绿化面积，而不要再随意占用绿地空地，再"见缝插针"添建新的房子。即使需要新建房子，也要注意其功能和使用性质，多安排些安静、优雅的文化设施，少建些喧闹、俗气的商业娱乐设施。在建设中，建筑层数应以低层为主，不宜过高；建筑体量要小巧，不要过大；建设量较多时则采用分散布局的办法，不要集中在一起建成一个"庞然大物"；建筑造型一定要精心雕琢，而不要粗制滥造；等等。这些要求，是从厦门城市建设总体布局出发，根据鼓浪屿特定的情况而提出来的，有利于保持鼓浪屿的"建筑、道路、绿化构成为有机协调的园林城区，与大自然的山山水水相融合"的特色。这些要求，需要全社会的支持，特别是在鼓浪屿进行建设的单位的支持。

1988 年，鼓浪屿与万石山一起被列为我国国家级风景名胜区，这就对鼓浪屿提出了更高的要求。我国各个国家级风景名胜区均有自己的特点，坚持特点，才能洋溢出她的蓬勃生机。鼓浪屿的一个重要特点就在于，她荟萃了一批具有特色的近代建筑与自然环境紧密融合的景点。我们期望着，展现在众多海内外游客面前的鼓浪屿，不是繁华拥挤的商业街区和热闹喧哗的娱乐场所（当然必要的商业服务设施还是需要的，但不能喧宾夺主），而是以幽静的环境、秀丽的景点、浓厚的文化氛围（特别是建筑文化）去吸引人、感染人，让游客们品味到无穷的诗情画意，获得高层次的精神享受。这将进一步突出鼓浪屿在厦门各个旅游景点中独有的魅力和特色，也将在闽南地区甚至更大的范围内反映出她的风貌和个性。

龚洁同志曾在鼓浪屿工作过，长期耳濡目染，对鼓浪屿建筑情有独钟，退休之后，进行了大量的调查访问，所作文章皆从实践中自求得之，写出了自己的特色。它不仅讲了建筑本身，也围绕着建筑讲述了鼓浪屿近代社会的方方面面，既有故事性，又有知识性，内容非常丰富，读后使人受益匪浅，它将使你更了解鼓浪屿的过去，更珍惜鼓浪屿的现在。在了解这些情况之后，你将由衷地感到维护好这"一方净土"的意义，让鼓浪屿的近代建筑在现代社会生活中发挥出更好的作用，使人们在尽情欣赏鼓浪屿自然美的同时，也尽情享受着艺术美，从而激励人们进一步去追求更美好的生活，探索更高境界的理想。

是为序。

（作者为厦门市规划局原局长）

概　述

　　鼓浪屿，孤悬厦门西海中，宋元时期称"圆沙洲"，明代始称鼓浪屿。乃是因为岛的西南海边，有一块大岩石，长年累月被海潮拍击，中间冲刷出一个大洞，每逢潮涨，海浪扑打岩洞，发出如擂鼓的声音，人们称它为"鼓浪石"，小岛也就叫鼓浪屿了。如今的鼓浪屿，面积1.91平方千米，人口1.62万，与厦门岛隔着一条600米宽的鹭江海峡。它与万石山同被列为国家级风景名胜区，是福建省旅游"十佳"之首，有"海上花园"、"钢琴之岛"、"万国建筑博览"之美称。

一

　　宋代，有一李姓人氏上岛开发，捕鱼晒网，耕作生息，以后繁衍兴旺，逐步形成"内（'李'字的厦门话谐音）厝澳"，现在是鼓浪屿的一条街。元代，厦门设立"千户所"，鼓浪屿当有兵员守御。明初，厦门设立"中左守御千户所"，鼓浪屿开始设立汛口，建有墩台，派弁兵防守；嘉靖间，参将玉麟抗击倭寇于鼓浪屿海面；明末，郑成功屯兵鼓浪屿，训练水师，建有"龙头寨"，寨门至今尚存。清初，又设鼓浪屿澳，为厦门五大澳之一，由提标前营管辖，派澳甲管理商船、渔船、渡船；康熙二十三年（1684），厦门设立闽海关正口，鼓浪屿设青单小口。这时的鼓浪屿，已相当繁荣了。

　　鸦片战争时，鼓浪屿受害颇深。1841年8月，英国侵略军强占鼓浪屿后，赖着不走，前后达5年之久。1843年11月，英

国在鼓浪屿首先设立"领事事务所",首任领事就是侵略厦门的英国海军舰长。接着,德国、美国、法国、日本、荷兰、西班牙、奥地利、比利时、丹麦、挪威、葡萄牙、瑞典等13个国家竞相在岛上设立领事馆。各国领事们策划成立了"工部局",使鼓浪屿沦为"公共地界"(租界),成为中国典型的半殖民地半封建社会。领事们在鼓浪屿分割土地,划分势力范围,他们互相勾结又互相制约,把鼓浪屿搞得支离破碎。太平洋战争爆发后,日军独占了鼓浪屿,直至我国抗战胜利。

随着解放战争的胜利,1949年10月17日,鼓浪屿回到人民的怀抱。人民政权的建立,涤尽了帝国主义遗下的污泥浊水,开始了新的征程。如今,鼓浪屿是厦门经济特区的一个著名风景名胜区,经过人们辛勤的建设,它的仪姿更加妩媚、更加迷人,已经成为闻名海内外的旅游胜地。

二

明万历年间,嘉禾名士池显方就在日光岩下建造了"别墅"——晃园。可惜,晃园于天启年间被荷兰"红夷"烧毁,以至于今天我们无法端详它的模样。明末,郑成功在鼓浪屿训练水师,他和他的部将住在什么地方,住的是什么房子,史书都没有记载,我们也无从想象它的模样。及至清嘉庆元年(1796),同安石浔黄旭斋在今海坛路、中华路建两落燕尾双护厝红砖"大夫第",以及略晚几年的"四落大厝",至今已历200多年仍然完好。这是鼓浪屿现存最早的民居建筑,在当年可算是豪华的"别墅"了。这种红砖民居散落在戴云山脉博平岭以东沿海的广大地域和台湾省,它有着鲜丽的自然色彩和纯熟的砖砌艺术,表现出了闽南民居建筑很深的文化积淀,是闽南传统建筑文化的代表。

三

　　鸦片战争后，屈辱的中英《南京条约》迫使厦门开辟为
"五口通商"口岸之一。1844年和1863年，英国人首先在鹿礁
顶和今漳州路临崖建起两幢英式别墅，这是鼓浪屿最早出现的欧
陆风格的建筑。其后，西方列强的领事官员、传教士、人贩子、
商人纷纷踏上鼓浪屿，抢占海边风景最美、环境最优雅的地方，
建造领事馆、公馆、教堂、医院、学校等，欧陆风格的建筑涌现
在这个小岛上。一位英国人说："鼓浪屿的秀丽景色和建筑装饰
得像欧洲南部城市一样，构成一幅赏心悦目的图画，是非常适宜
居住的地方。"这批建筑保留了欧陆建筑的风格和造型，连拱连
廊，浑厚凝重，均有地下隔潮层和壁炉烟囱，虽为砖木结构，但
外墙装饰、窗廊柱式都甚为考究。如英国维多利亚时代的建筑与
伊丽莎白时代的建筑，从外形上说既有传承又有不同，但占地均
甚宽大，围做内花园。这两种外形的建筑，鼓浪屿至今仍保存得
比较完好。

　　清末民初，军阀土匪横行，战争频仍，百姓生活不宁。第一
次世界大战使欧洲各国也同样不安定。而鼓浪屿这个小岛在外国
领事团的控制下，变成不受中国政府管辖的"公共租界"，地位
特殊，相对宁静，可以说是个"避风港"；这对侨居国外又割不
断故土乡思的华侨和富绅来说，是颇有吸引力的。于是，大批华
侨来到厦门，成立房地产公司，到鼓浪屿购地置业，建造别墅住
宅，有的就此定居下来，有的两地往返，把鼓浪屿作为永居地。
20世纪二三十年代，华侨在鼓浪屿就建起了1000多幢别墅住
宅，构成鼓浪屿建筑的洋洋大观。华侨建造这批别墅时，有不少
是从侨居国带来设计图纸，自然也带来了侨居地的建筑艺术风
采。建筑材料如高级木材、装饰用石材和室内家什等也大多是进
口的。可华侨们又心系祖国，把中国传统的建筑技艺融进了他们
的别墅建筑，形成了独特的中西合璧的十分灵秀而又美观实用的

建筑形体，这就是我们今天看到的鼓浪屿建筑的多数，成为难得的宝贵遗产。

这些建筑既有异国地域的个性，又有中国传统接受西方文化的融合性，中西文化在此交汇融合，形成西式形体与中国建筑崇尚结构对称的中西合璧的折中式建筑风格。那些参与建设的中国工匠，在实践中学会了欧陆建筑的技艺手法，自己也搞起设计，承揽工程，在施工中又有了新的创造和发挥，将古希腊三大柱式的柱头加上中国的传统浮雕，大大增添了别墅的美感。最典型的要数泉州路上有个希腊爱奥尼克式柱头的上方加了一个八卦太极浮雕，真是妙极了。在欧陆风格的建筑上加上闽南建筑的韵致，构成了鼓浪屿建筑上中西文化交融的风采。

鼓浪屿建筑还有一个奇特的现象。位于福建路40号的黄秀烺别墅，其建筑的主体为西洋式，附有地下隔潮层，屋顶又是中国传统的歇山顶，飞檐翘角，春草飞卷，门、窗、廊、厅的楣上均装饰了挂落、飞罩、斗拱、垂花等中国古建筑饰件，所有檐角都装饰着蛟龙吸水或龙凤呈祥透雕。特别有意思的是在歇山顶的中脊下和走廊上方装饰着两个藻井，走廊上的藻井为重檐歇山顶"亭子"，从二楼仰望，八边形的井壁上绘制了中国传统的花鸟画，十分民族化。整座建筑稳重而华丽，宛如宫殿，气魄之大是少有的。有人戏称这种形体为"穿西装，戴斗笠"。美国人毕腓力（P. W. Pitcher）在他的 *In and about Amoy* 一书中，形容这是华侨"由于在海外遭受欺凌，因而在建造房屋时产生了一种极为奇怪的念头，将中国式屋顶盖在西洋式建筑上，以此来舒畅他们饱受压抑的心情"。这种形式的建筑，陈嘉庚先生在集美学村和厦门大学的建筑上表现得尤为突出，人们称它为"嘉庚风格"。

四

鼓浪屿的别墅都有它辉煌的过去，都有一部可圈可点的沧桑史。走进别墅，建筑艺术的灵秀之气扑面而来，但听完主人的介绍，又让人感到世事的苍凉，颇有几分惆怅。鹿礁路的"林氏府"，当年是那么繁华，主人是那么显赫有成就，而今先人已逝，只剩下破旧的"大楼"和"小楼"以及风韵犹存的"八角楼"，还有那个面目全非的后花园。我多次往访，总觉得有阵阵悲凉袭来，并总是带着沉重的脚步离开的。内厝澳的林祖密将军故居，也已十分破旧零乱，已经很少有人说得清林将军原来的居室在何处，只是一方钉在龙眼树上的木板，才让人知道这里曾是"林祖密将军故居"，可哪里还寻得到林将军当年的威武和对孙中山先生的赤胆忠心，以及那颗忠诚的爱国心。我每次经过那里，总要驻足久视，缅怀先烈业绩，心潮起伏不已。可就是那方上书"林祖密将军故居"的木板，不久也不见了，真叫人扫兴。

　　关于这些别墅的故事，让我获得许多知识、许多教益，特别是使我进一步了解到早已逝去的那个时代的特征，以及那个时代中能抓住转瞬即逝的机遇而奋起抗争和拼搏不息的人，他们留下的不仅仅是一幢别墅或一条街道，更重要的是传承数千年的民族精神，这才是至为宝贵的。

　　鼓浪屿建筑是一部说不完道不尽的书，许多独特的建筑技法、装饰技艺和结构布局，简直是千古绝唱，今天仍可借鉴。鼓浪屿建筑也是历史的见证，它记录了西方殖民主义的脚印，也记录着鼓浪屿受尽屈辱的过去，因此，它又是教育后代的难得的爱国主义教材。从鼓浪屿建筑上，还可看到华侨在促进中西文化交融上的功绩，它使我们今天仍能领略到中西文化交融结出的硕果在建筑艺术上的风采。经过一个多世纪的风雨沧桑，鼓浪屿建筑和它的建筑艺术已成为当今的一种旅游资源，可向人们提供高品位的生活情趣和鉴赏性的旅游文化。所以，对于鼓浪屿来说，这份先人遗留下来的宝贵财富，应当珍惜。我深信聪明勤劳的鼓浪屿人乃至厦门人，一定会把这个"海上花园"建设得更加绚丽多彩！

英国领事馆

　　1840 年 6 月，英帝国主义发动了鸦片战争，英军在厦门海域被我守军击退。翌年 8 月，英军总头目璞鼎查率 30 艘军舰、3500 余人再次进犯厦门，厦鼓守军进行了英勇顽强的抗击，终因不敌而陷落，英军强占了鼓浪屿。1842 年 8 月 29 日，昏聩的清政府被迫同英国签订了中国第一个不平等条约《南京条约》，规定厦门为"通商口岸"，并承认"鼓浪屿仍由英军暂居"。英军一住就住了 5 年，直到 1845 年清政府还清"赔款"后，英军才撤出鼓浪屿。

英国领事馆（建于 1844 年）

英国领事馆（建于1870年）

　　英军占领鼓浪屿后，于1843年11月2日设立领事事务所，派舰长纪里布任首任驻厦门领事，他是厦门历史上第一个外国领事。1844年11月，第二任领事阿礼国到任后，在鹿礁顶建了一座办公楼（现编鹿礁路14号）。大约于1863年前，又在漳州路临海的崖上建了一座公馆（现编漳州路5号），人称"大领事"。此二楼均为单层建筑，壁炉装饰，拼木地板，四坡四落水，极似欧陆乡间别墅。壁炉和烟囱两楼完全一致，其形态也像一件艺术品。公馆拱券连廊，大厅、居室颇西欧化。20世纪60年代初曾维修过，作为招待所接待宾客；"文革"中遭到破坏，数十年风雨飘摇，成为废宅；改革开放后，又拆除重建。

　　英国派驻领事后，人虽住在鼓浪屿，却一直强占兴泉永道衙署（今中山公园旁厦门市图书馆内）办公，前后长达20多年，直到同治二年（1863）四月，才归还道衙署，英领事才搬到鼓浪屿。此事可参见市图书馆院内的道衙署被强占碑记。

　　1870年，英国在今田尾路6号又建一副领事公馆，人称

"小领事"（已废）。在鹿礁原办公楼的高处建一新的办公楼，为两层清水红砖楼，四角出砖入石，结构方正严谨，落地门窗，均配百叶调节阳光，挡避风沙，还饰有壁炉。一楼为信使间、船务办公室和邮局，二楼为领事办公室。1887 年，为纪念维多利亚女王即位 50 周年，在楼前建一狮座纪念碑，碑侧立一根钢管旗杆，天天挂上米字旗，耀武扬威。楼内的拼木地板、柚木拼装的议事桌、壁立多层烤漆档案橱、高级丝绒沙发，甚是豪华。另附有监房 1 所，囚室 6 间，每间仅 7.5 平方米，1998 年拆建时还发现了当年的刑讯工具和许多保龄球。

英国领事公馆（建于 1863 年前）

在这两幢办公楼和公馆里，英国人曾策划了许多侵犯中国主权的勾当。如成立所谓的"鼓浪屿工部局"，订立《鼓浪屿公共地界章程》，成立什么"会审公堂"等等，把鼓浪屿变成"租界"；强占厦门"海后滩"，收集各种情报；领事还兼任洋行老板，直接参与掠夺贩卖华工。桩桩血泪史，中国人民是永远不可忘记的。1997 年 7 月 1 日香港回归祖国，同受鸦片战争、《南京条约》之害的厦门人民，对庆回归、雪国耻，特别激奋！

1936年，英领馆升格为总领馆，曾代领过丹麦、挪威、比利时、西班牙等国的领事。1941年12月太平洋战争爆发后，英领馆被日军封闭，战后复办，至厦门解放时停办。

1957年，当埃及人民保卫苏伊士运河、维护民族权利时，英国侵略者不顾国际公法，悍然出兵埃及，梦想保护昔日那个"日不落帝国"的威风。埃及人民奋起抗击，关闭了苏伊士运河。厦门人民为支援埃及人民的抗英斗争，义愤填膺地砸毁了领馆前的那个纪念碑，只剩下一段水泥残桩，后来全部抹平。那根曾飘扬了100多年的米字旗钢管旗杆，也被毁倒，连同那座纪念碑，终成人们的记忆。

英领馆的范围原来颇为宽广，如今码头前的榕树和旁边的街心花园，以及绿洲饭店，均在它的围墙里。1958年拓宽道路，拆除围墙。1964年进一步建设轮渡码头广场和花园，设计师将步上领事馆的石阶分段为"1、9、6、4"四个阶次，寓意为1964年修建。

20世纪70年代末，工业设计院搬入领事馆，不久不幸发生火灾，红砖楼部分被烧毁，成为残楼。

如今，英领馆的产权已为我国所有，由厦门市外办代管，20世纪90年代末重建成现在的模样。

美国领事馆

鸦片战争的硝烟尚未散尽，林则徐还走在流徙新疆的途中，1843年11月，英国首先派出曾指挥炮击厦门的舰长充当驻厦领

事。美国自然也不甘落后，紧接着于 1844 年派哥伦布到厦门，在鼓浪屿田尾球埔边设立"交通邮政办事处"，代行领事事务；1865 年改办事处为驻厦领事馆，租用三和路一楼房（现编三明路 26 号）为领事办公处。1930 年，在原址重新翻建成两层大三角圆柱欧式红砖楼房，设有地下室和顶部隔热层，楼下办公，楼上供领事居住，三面围以花圃庭园，面朝鹭江，占地 6300 多平方米，晨昏均可听潮。

美国领事馆

美国领事馆以红白两色为基调，东南两面矗立着白色通高大廊柱，洋瓦坡面，四面山墙呈五个大三角，作为屋顶装饰。在壁炉与烟囱之间，特设一观景天台，四周横亘装饰性的钢护栏，颇有傲视海天的感觉。整座建筑的门窗均不装百叶，窗楣只是一弯半月，没有欧洲建筑那种老成持重、古旧繁复的氛围，而是洗练明快、流畅舒展、色调和谐，一派现代风采，亭立于绿茵之中、鹭江之畔。这种建筑形式，在美国许多地方均可见到。

美国领事馆的廊柱沿用古希腊科林斯柱式，柱头的花纹与原始的繁花装饰大相径庭，而使用夸张的百合花装饰；叶瓣纤长整齐，托瓣微微外翻，平托起整座建筑，使得整座建筑稳重而形美，实用而坚挺，十分美观，这在鼓浪屿建筑群楼中是仅有的。

美国领事馆聘用华人职员五人，负责翻译、打字、会计、出纳等工作，翻译还兼教领事学中文和闽南话，称为"师爷"。1989 年，美国驻广州副总领事史莱克到八卦楼参观，满口山东腔的普通话。他告诉我，他是来寻访曾为美国领事馆工作过的人，并看看领事馆的现状。

美国领事馆历经同治、光绪、宣统三个皇帝，又经过军阀混战时期，至 1941 年 12 月 8 日，日本偷袭珍珠港从而引发了太平洋战争后，美领馆被日军封闭。战后约于 1948 年，美国政府派柯芬来厦办理结束馆务的手续，有关领馆善后事宜交由美国上海总领馆办理，厦门美领馆则借给菲律宾驻厦门领事馆使用。

新中国成立后，这里曾作为厦门市的干部疗养所。1979 年 10 月又改作福建省海洋研究所。现在产权已归我国，由厦门市外办管理，外事部门在这里开设了旅游酒店"华风山庄"。近年，又在馆前建了花园，与三丘田码头为邻，整座建筑更加漂亮美观了。

日本领事馆

英美两国向厦门派驻领事后，日本为了获取在华利益，于 1874 年，由日本"台湾都督"西乡从道率陆军少佐福岛九藏来到鼓浪屿，筹划设立领事馆，馆址设在原厦门第二医院附近的"大和俱乐部"，但领事一职一直由上海、福州领事兼理。1896 年，清政府与日本订立《公立文凭》，允许日本在上海、天津、

日本领事馆

武汉、厦门等地设立"专管租界";同年3月,派上野专一为驻厦领事,并筹建新馆。

　　日本政府训示上野,筹建新馆要以毗邻英国领事馆和靠近通往厦门栈桥的地方为条件。于是,上野选中了英领馆南面今鹿礁路26号为建馆地址。1897年,新馆由中国工匠王天赐设计、承建,以拱券宽廊仿英式住宅为基调,使用西洋双柱桁架与中国传统坡顶相折衷,女墙和廊沿压条下均采用闽南土陶烧制的花瓶为装饰,面积600平方米,两层结构,楼下办公,楼上住人,1898年2月竣工,造价2万日元。楼前院内也仿英领馆竖起一根木旗杆,悬挂太阳旗,旗杆于20世纪60年代初蛀毁。

　　上野到任后,于1897年通过日本政府向清政府总理衙门提出划定厦鼓"专管租界"的范围,无理要求划定鼓浪屿从内厝垵、康太埼到五个牌的土地,约占鼓浪屿的三分之一,以及厦门包括虎头山在内到厦港电厂附近的36万平方米的土地,作为"日本租界"。美国领事得知上野的"要求"后,要求将鼓浪屿

日本警察署

余下的三分之二划为"美国租界"。英、德、法等国领事见状也纷纷提出要求。上野看到情势复杂,未敢在鼓浪屿划界,就压厦门道台强划虎头山为日租界,结果因遭到厦门各界的强烈反对而未能得逞。

1928 年 7 月,在领事馆右侧又建造了两幢红砖楼,是典型的日本现代建筑,日本东京大学就有一幢相类似的楼宇。红砖楼一为警察署,一为宿舍。警察署的地下室为监狱,他们逮捕中国人,在此刑讯拷打。监狱的墙壁上至今还留有被囚者刻下的标语、关押天数的符号和血迹,它的复制件如今陈列在八卦楼厦门博物馆内,以教育子孙后代不忘这段民族血泪史。

日本警察署地下监狱

1936 年,日本领事馆升格为总领馆。1937 年抗日战争爆发后,领事馆关闭。1938 年 5 月厦门沦陷,同月

27 日重开领事馆。11 月，日军占用鹭江道的海港检疫所为总领馆，鼓浪屿的原址作为官邸，紧接着又移至深田路兴亚院。至 1945 年 8 月，日本无条件投降，总领馆停止活动，敌伪资产均由国民政府接收。此后，鼓浪屿的日本领事馆、警察署和宿舍均作为厦门大学教工宿舍至今。

荷兰领事馆

荷兰为了招募大量华工前往其殖民地苏门答腊、日里开垦烟草种植园，于光绪十二年（1890）六月，正式在厦门设立了领事馆，派驻了领事。在此之前，领事事务由英国德记洋行老板德滴兼任；同治年间，改由德商宝记洋行老板代领。荷兰从 1890 年起到 1941 年日本发动太平洋战争为止，前后共派出 14 任领事。1925 年，安达银行来厦门开展业务，即由该行经理兼任领事。1937 年 7 月，荷兰领事馆随安达银行迁到鼓浪屿正道院，现编中华路 5 号。

正道院，具有哥特式建筑的特点，1890 年建成，楼呈 T 字形、单层，前为敞廊，后为正厅，敞廊为平顶，正厅为坡顶，附有地下隔潮层。廊间设尖形拱窗，连拱连廊，两拱间饰海棠花浮雕，颇为典雅；坡顶山墙也为尖拱形，中间也饰有海棠浮雕，近似中国南方民居特别是闽南民居上的悬鱼饰，山墙底装饰如女墙的花瓶，十分特别；檐线多层平展，线下饰稀疏锯齿，简练流畅；墙基呈外八字形支撑，显得稳重牢固，配以长长的宽廊，颇给人以舒展感。

室内装饰也呈西欧风格，敞廊拱脚至今仍保留当年的韵致。

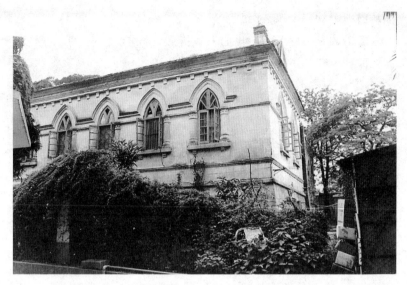

荷兰领事馆

最有代表性的是大厅，高大宽敞，天花板平贴坡顶，每块漆成紫红玫瑰色，均饰有花边，宛如荷兰姑娘的花裙子，十分民族化。大梁上装饰着垂柱，支撑屋面，柱头饰有花篮，体现出了中国传统文化的影响。

据说，这里曾做过美属菲律宾秘密组织麻筹教的聚会所。麻筹教活动诡秘，道徒蒙面到会，互不相认，会话均用动作暗号，即便是亲人同时在场，也不知同道教友中有自己的亲人。

荷兰领事馆与安达银行在这里办理押汇等银行业务，洽谈贸易、运输，代办船务，还开展保险、侨汇等业务，仅侨汇一项，年均在500万银元以上，同时签发华侨往返荷兰等国的签证。

经历了100多年的风风雨雨，荷兰领事馆显得十分陈旧，几成危房。敞廊和大厅均隔成居室，颇为零杂，已看不到当年的整洁繁盛，只有那个大厅的玫瑰色天花板还泛着欧陆艺术的风采。楼前均是卖海鲜干果、古玩艺品、服饰衣着等的小店，如果没有导游专门介绍，游人是不会多加一瞥的，可它的的确确代表了鼓

浪屿已逝去的一个风云时代。

可惜的是，它于 20 世纪末被拆毁，没有留下一丁点原物，而在原址上建起了一座不伦不类的公寓楼。

协和礼拜堂

坐落在鹿礁顶英国领事馆西南不远处，有一座教堂叫作英国礼拜堂，是英国基督教伦敦差会，又称自由教会、伦敦工会，创建于 1863 年，是鼓浪屿第一个英语教堂。牧师用英语讲经，专供外国教徒做礼拜，中国教徒是不能进入的。1911 年进行翻建，英国伦敦差会、英国长老会、美国归正教会联合成的"三公会"的牧师都可以到教堂讲经，而且懂英语的、衣着整洁的中国白领教徒也可以进入参加礼拜，因而改名"协和礼拜堂"。1919 年，林语堂、廖翠凤的婚礼就是在这里举行的。他俩在协和堂举行过西洋婚礼仪式后，回到廖家别墅依中式闽南婚俗吃了龙眼、红枣、鸡蛋甜汤，而后一起出洋到美国波士顿哈佛大学留学，林语堂最终成为"两脚踏东西文化，一心评宇宙文章"的文学大师。

协和礼拜堂

　　协和堂坐西朝东，与天主堂和日本领事馆为邻，挺立高处，颇为显眼。它的正面为四根罗马大柱，支撑起欧式大三角，以简明的线脚堆叠和方形锯齿装饰，显得大方稳重、洗练明快，一派欧式风韵。两边为欧式拱窗，均装百叶，窗台用本地花岗岩，也颇有气韵。

　　协和堂已半个多世纪不用来做教堂了，起先是做医院的会议室，后来在它的外围加盖了招待所，又不断在它旁边加盖了医院多种用途的小房间。教堂原来的门窗也均残损，柳条天花垂落，墙面斑驳。富丽堂皇的讲坛只剩下了破裂的地砖，一副破败相。双坡屋面多处漏雨，已完全没有了当年做礼拜时的盛况，更像是一座废屋。近年，更成了收购废品的仓库，堆积了许多废旧物品，满屋杂乱无章。

　　鼓浪屿风景名胜区管委会准备按原样重修协和堂，恢复堂内设施；并计划将外围加盖的小房子和招待所全部拆除，建一个街心小花园，让协和堂露出真面目，与相邻的天主堂和原日本领事馆组成一处有宗教文化特色的旅游新景点；甚至可以通过协和礼拜堂展示鼓浪屿的基督教文化史；还可以在此开发模拟宗教婚礼的旅游新产品，以增加鼓浪屿旅游的新内容、新项目。

天 主 堂

　　17 世纪中叶，天主教就从菲律宾（当时是西班牙的殖民地）传入厦门，建立了"厦门教区"。当时教堂设在厦港，租用民房"讲道"，因教徒日益增多，一度迁往曾厝垵，后又迁到镇邦路。清咸丰八年（1858），在今磁安路建新教堂，因此地为陈姓码头

天主堂

的势力范围，陈氏工人联合抵制，神父只好请来漳州、角尾的教徒自行挑土填海而建。

鸦片战争期间英军占领鼓浪屿后，天主教人士也接踵踏上鼓浪屿，先在田尾租用民房作教堂，不久便迁入鹿礁西班牙领事馆内。1912～1916年，马守仁任厦门教区主教后，感到领事馆兼作教堂不好，于是筹划在馆侧旷地上新建教堂。1917年，新教堂建成，主教署从厦门迁入领事馆的旧教堂内。那时的天主教厦门教区曾管辖过闽南、闽中、闽西25个县的教务。

鹿礁天主堂在鼓浪屿的几座教堂中，式样最为独特，属西班牙哥特式建筑，由漳州一姓林的包工头承建。林氏在此学得建造天主堂的技术，日后在闽西南许多地方建有多座式样类似的教堂。在龙海江东

天主堂内景

桥南端山边，也有一座与鼓浪屿天主堂相同的教堂，就是林氏所建，现在比较老旧。

鹿礁天主堂平面呈拉丁十字，长方形大厅被两排列柱纵分，柱间形成多面连拱，柱面勾勒自然，断面为梅花状，柱头为爱奥尼克式飞卷，悬吊彩蓝色珠网天花，繁缛华丽，音响效果极佳。教堂正中祭台供奉耶稣君王像，两旁各有一个小祭台，立着圣母与耶和华，故鼓浪屿天主堂又称"耶稣君王堂"。整座教堂以尖形为特点，尖拱尖窗，连立面装饰、门楣窗棂、镂空女墙也都是尖形的。特别是正面，目光所及，都是尖形艺术，四层塔式尖顶，递次上升，尖端置一十字架，高耸挺立。中门上方正中，镶一梅花形装饰窗，环以繁花浮雕，显得十分灵秀。整座教堂外形

表现出强烈的造型感染力。这是厦门地区仅存的一座哥特式天主堂。现在的厦门教区，管辖着厦门和漳州、泉州、莆田的80多个天主堂。马守仁主教1947年1月逝于鼓浪屿天主堂。

原主教署后有一所小学，名"维正小学"，原名"善导学校"，系马守仁1919年创办的，马自任校长。小学曾设"师范"班，但不久即停办。太平洋战争后，因西班牙不是同盟国，小学未被日军接管，继续上课，校长为黄昭瑛。新中国成立后一度改称"龙头小学"，有学生300多人，黄仍任校长。1958年并入鹿礁小学，黄仍被任命为校长，直至1964年退休。原小学校舍现已塌毁。

原来的主教署和领事馆，"文革"后拆除重建，改作爱华旅社，当年的模样已荡然无存、无迹可寻了。近年，又改作老年人公寓。

福 音 堂

1844年，英国传教士施约翰夫妇到鼓浪屿创立"伦敦差会"（又名"伦敦公会"），在和记崎建了三幢楼，其中一幢的楼下用作教堂，这就是鼓浪屿最早的福音堂。

1880年，伦敦公会与长老会合并，在泉州路和鸡山路交界处的鸡母嘴口建一座新礼拜堂，以纪念长老会的杜嘉德来鼓浪屿传教22周年，称"杜嘉德纪念堂"，福音堂从和记崎迁来这里。但是，杜嘉德纪念堂逐渐被白蚁蛀蚀，不能使用。1901年，福音堂的泰山、关隘内两堂时称"泰关堂会"，联合发起再建新堂，并选定岩仔脚为堂址，经费由华人教友自筹，延请英国人设计。1903年建成新堂，即今日光岩下的福音堂，福音堂又从鸡母嘴口迁到这里。1926 年定名为"鼓浪屿堂会",林温人为"会正";1927 年选举陈秋卿为第一任牧师。后又因教友众多,1930 年在内厝澳树兰花脚公平路又建了一座石砌教堂,作为支会,以方便居住在内厝澳的教友,时称"讲道堂"。

岩仔脚福音堂为英式,设计精巧,仪态大方,稳重牢固,可容 1000 人听讲。正门四根立柱为方形,没有古希腊的传统柱头装饰,显得简洁朴素,平展的线条和山墙上的缠枝山花浮雕,又具西欧韵味,增添了教堂的美感。两旁的玻璃窗外装有百叶,寓意为打开的圣经。此堂落成后,很快闻名海内外,许多神学博士、教授、著名牧师,纷纷前来参观、布道。毕业于美国哈佛大学化学系、后又选择神学为终身事业的莆田籍大牧师宋尚节,也曾到此讲过道。福音堂是当年颇负盛名的教堂。

1935 年 12 月全国基督教奋兴会和 1936 年全国查经会,原定在鼓浪屿福音堂举行,后因全国各地的教友来了 4000 多人,便移到三一堂,但还是坐不下,最后只好在英华中学操场举行。

福音堂鼓浪屿堂会,在 1940 年时就有会友 800 人,慕会友

福音堂

300 人。会友分布甚广，港澳、南洋和欧美各地都有，重庆、昆明、贵阳、上海、北京也有，他们大多从事政、学、医、商。

鼓浪屿福音堂曾合办过"福民小学"，附设"女子家政研究社"，常举行勉励会、识字运动，组织布道团、采访团、招待团、歌唱团等活动，颇有影响。"文革"后，福音堂曾作为高频厂的厂房，为适应生产的需要，在园内的空地上盖起了许多简易平房；1987 年，高频厂搬走，产权退还教会。近年来，鼓浪屿旅游业大发展，又在堂前加盖售货小店。如今，教堂已作了整修，拆除了简易平房，基本恢复了原样，但改作老年人公寓。

三 一 堂

随着鸦片战争的炮声，基督教也登陆厦门。1842 年 2 月，美国归正教的雅俾理跟着英军首先来到鼓浪屿，紧随其后的有美国长老会、安息日会和伦敦差会。他们来厦门之前，多在新加坡、爪哇、婆罗洲的闽南人聚集区学讲厦门话，以便到厦门后可与人交谈，开展活动。

基督教传入鼓浪屿，发展教友，宣传"福音"，相继在厦门的竹树脚和台光街建了教堂。英国长老会也在厦港建了教堂。这三个教堂的鼓浪屿教友每逢做礼拜，都得"漂洋过海"乘船去厦门，特别是碰上刮风下雨，更是不便。于是，他们设想在鼓浪屿新建一座教堂，以方便鼓浪屿的教友。1927～1928 年间，三教堂各推三人组成建堂筹委会。新教堂地址选在鼓浪屿中心点靠近工部局的地方，那里原为地瓜园和教友的出租房。地皮必须购买，出租房可以奉献，但地瓜园就索价 8000 银元，增加了建堂

三一堂

费用。建堂除美国归正教会拨 4000 大洋，英国长老会拨 14000 大洋外，其余均是教友个人认捐和礼拜日集体奉献的。

　　新教堂由留德工程师林荣廷设计，原为 300～400 个座位，1928 年动工之后，筹委会没有征得林荣廷的同意，擅自将规模扩大到能容千人听讲，将原设计向四周扩展，并砌了墙。面积增大后，屋架必须相对扩大，而林荣廷不愿修改设计。最后，屋顶由荷兰治港公司承建鹭江道堤岸的工程师另行设计，改用大钢梁做屋架，四周添加重力钢筋水泥柱作支撑，并在屋架中央建一八角形钟楼，借以镇固整座屋架。但又因钢架庞大，在厦门无法加工，只好到香港订做后走海路运到工地。1936 年夏，中华基督教在这里举行全国查经会时，天花板尚未装好，直到 1945 年才全部完工。

　　林荣廷用红砖做主色调，方柱长窗，凝重壮观，立面山墙用大、小三角点缀，线条简洁明快，檐下有锯齿形装饰，颇为美

观。教堂由于是由新街、竹树脚、厦港三堂教友联合建成的，又寓意"圣父、圣子、圣灵"三位一体，故名"三一堂"。

"三一堂"从样式到容量，在当时是福建乃至全国最宏伟的，讲台可供大型合唱团演出。中华基督教全国查经会在此举行后，"三一堂"一时声名显赫。

改革开放后，那块地瓜园的后人向教堂捐赠了地皮，随后其上即建起了教堂大门，有花岗岩大石阶引教友进入大厅，使教堂更加美观大气。

圣教书局

鸦片战争中，《南京条约》还未签字，美国归正教会雅俾理牧师就搭乘英国远征军的军舰，登上鼓浪屿宣传"福音"。他是近代基督教传入福建时最早来到鼓浪屿的牧师。紧接着，英国伦敦公会、长老会也相继派传教士到鼓浪屿。很快，他们在鼓浪屿造教堂、建别墅、办学校、设医院，甚至出版报纸，宣传西方价值观。由于当年市民信教者较少，教士们就把手伸向广阔的农村，开始争夺中国最大多数的群众。教士们在农村取得相当大的成效后，快速挺进闽南、闽中、闽西甚至江西、湖南等中国内陆省份，可以说鼓浪屿是基督教进入中国的桥头堡。

基督教初传至厦门时，信者不众，又没有汉文《圣经》，只好以英语传道。后来，上海出现汉文《圣经》，但又因识字者少而文盲多，传道甚为不易，美英牧师罗啻、打马字、养为霖、宾为霖等于清咸丰元年（1851）共同创造了简明、通俗、易学的白话字，就是将罗马字母稍加变化，制定23个字母，联缀切音，

圣教书局

凡是闽南话均可拼成白话字。这样一来，不论城里人乡下人、男女老幼，只须学一两个月便可读写，聪明者几天就会。他们还把这种白话字制成模型雕成印刷版用以印刷书籍。宾为霖著有《天路历程》、《马可福音》、《路得记》、《圣经诗歌》等白话字宗教专著。同治十二年（1873），罗啻牧师的白话字《旧约全书》、《新约全书》在英国印刷。几年后，《四书解释》、《三字经译诠》以及天文、地理、生理、笔算、代数、动植物等一批白话字汉文书籍相继问世。至光绪二十年（1894），打马字出版了《厦门白话字典》，即《厦语注音字典》，就在鼓浪屿印刷发行，数量颇为可观。这种白话字风行闽南，在台湾地区，以及南洋群岛、吕宋、新加坡等地也颇受华侨欢迎。

光绪三十四年（1908），中外教徒共同发起，在鼓浪屿龙头路446号开设“圣教书局”，并组成董事会，主要代售上海“圣公会”出版的《圣经》，印刷发行白话字《闽南圣诗》、《厦语注音字典》等。民国二十一年（1932），教会人士捐献地皮和经费，在福建路、龙头路、晃岩路的交叉口建起了一幢三层洋楼，圣教书局搬到洋楼里营业，并扩大了经营范围，除继续经销上海出版的宗教书籍、刊物外，还自行印制《圣经教义》、《圣诗》、《基督教故事》、《基督教三字经》以及中小学的宗教课本，还出版《闽南伦敦公会基督教史》等。圣教书局前后共印刷发行白话字宗教书籍达100多种，销往闽南各县市，并远销新加坡、菲

律宾等地的华侨居住区。

　　圣教书局归中华基督教会闽南大会管理，影响颇广，是基督教书籍在闽南地区唯一的专卖店。新中国成立后，圣教书局由新华书店接管，人员也并入新华书店。

　　圣教书局三层洋楼为清水红砖楼，呈三角形体，三角尖切平为正门入口，入口的二、三楼则为钢栏小阳台，可纳凉观景。两翼临街，英式窗、方壁柱、平屋顶、线脚简约。三楼的挑檐较宽，女儿墙装有水泥瓶柱，使整座洋楼形体规整秀美。它矗立于三条路的交会处，特别醒目，占尽了地利之美。这里人流兴旺，教堂密集，周边又是领事馆区、白领华人居住区、洋人俱乐部，为教友和群众提供了极大方便，给人们留下了深刻的记忆。

救 世 医 院

　　1842 年 2 月 24 日，美国归正教的教士兼医生雅俾理抵厦，他是鸦片战争后西方教会最先派来厦门的传教士。雅俾理一踏上鼓浪屿，就以治病的手段"开启"中国民众信奉基督的心扉。他先在鼓浪屿的住宅里看病，又在寮仔后施诊，后又到竹树脚办"医务所"，开业门诊，并于 1843 年开始收住病人，这就是"赤保医院"的前身。

　　1883 年，归正教在平和小溪创设救世医院（总院），赤保医院为它的分院。至 1898 年，小溪总院迁到鼓浪屿燕尾山河仔下新院，分设男女两馆，时称"鼓浪屿救世男女医院"，第一任院长为郁约翰，赤保医院仍作为它的分院。

　　救世医院开办之初，缺乏护士，郁约翰向美国、荷兰呼吁派

救世医院

遣护士，荷兰女王真的派来了两名"毕业护士"。后来，医院又先后开办医生班和护士学校，自己培养医生和护士，解决医院里医生护士缺乏的问题。

医院还附设教堂。每逢礼拜，传教士就到医院宣传"福音"。医院有一份报告说"向200余名病人布道，其中有90人立志传道"，这就是教会办医院目的的最好说明。

据1933年的调查可知：救世医院有门诊室6间，每天平均有门诊患者30人；特别病房30间，可接纳30人住院；普通病房9间，可接纳95人住院；1932年共接纳住院患者1760人次。

救世医院在鼓浪屿存在了50多年，前后共8任院长，只有1位是中国人。首任院长郁约翰，是生于荷兰的美国人，医学博士兼牧师，又会建筑设计。他在鼓浪屿工作20多年，1910年因出诊感染肺炎去世。为纪念他的功绩，其门生为他在医院门前树立了一座纪念碑。纪念碑在"文革"中被毁，碑基和碑石散落院内。前几年，他的门生重新将散落的碑石复原成纪念碑。他创建的医院楼宇，不是美式，而是欧式的，拱券回廊，琉璃装饰，简朴无华，至今尚好。

第五任、第七任两任院长为美国人夏礼文，他也是医生。1947年夏礼文在升旗山顶建了一座两层医院式住宅，总面积达1200平方米，现编复兴路75号。此楼占地5654.67平方米，有低矮的地下隔潮层，钢筋水泥框架结构，木质地板，前为通廊，一派现代建筑的风采。夏礼文每天坐轿子上下班，颇有绅士风度，鼓浪屿当年接受他手术的还有多人健在。新中国成立后他去了香港，现已去世。后来，这座住宅作为气象台的业务楼。气象台在东渡狐尾山顶建新台以后，此楼改作气象台的招待所和职工宿舍。1987年归还产权，现由市基督教两会当作教产管理，由气象台租用，楼宇颇完好。

夏礼文宅

新中国成立后，救世医院与三丘田的民办侨助鼓浪屿医院合并，称"鼓浪屿医院"，院部在福建路，原救世医院改为肺专科

医院。"文革"中，鼓浪屿医院易名为"反帝医院"，1970年3月迁往龙岩，定名为"解放军福建军区生产建设兵团一师医院"。医院全部设备（22个车皮）运至永定坎市，摆得满街都是。后来，设备全部留在龙岩，500名医务人员只留下院长和老工友二人，其余全部回到厦门。

迁往龙岩后，第一医院的内科迁入反帝医院与鼓浪屿防保院联合组成第二医院，并将第三医院（妇产科医院）也并入第二医院。

第二医院的综合部门在龙头路今址。燕尾山为肺专科医院。

1998年4月，第二医院与海沧医院合并，成立新的厦门市第二医院，分设海沧院区和鼓浪屿院区，总院设在集美。2006年5月，原第二医院鼓浪屿院区由第一医院接管，鼓浪屿社区卫生院并入，继续为鼓浪屿人民群众提供医疗服务，而有108年历史的第二医院（含救世医院），从此彻底告别了鼓浪屿。

博爱医院

走出鼓浪屿轮渡码头，向左一拐，在不远处的丁字路旁有一排土黄色的两层建筑，这就是原日本人办的"博爱医院"，现在是南京军区陆军鼓浪屿疗养院招待所，编鹿礁路1号。

1918年，日本为了与英美争夺在厦门的势力范围和周边地区的利益，以台湾总督府卫生课善邻会的名义，在鼓浪屿设立"博爱会厦门医院"，简称"博爱医院"。开办之初，规模不大，租用"大和俱乐部"附近的叶清池别墅作为院址，楼下为门诊，二楼为病房，三楼为宿舍（已拆除），并打出"中日合办"的名

义，聘请地方绅士和日本的厦门洋行经理为董事。后因门诊患者增多，又租用西仔路头林尔嘉的楼房为院址，每年约有 10 万名以上的患者前往就诊。

1932 年，由于门诊的患者超过 20 万人次，日方买下了林尔嘉楼房附近填海而成的地皮，由日本工程师设计医院施工图，中国工匠施工，材料由台湾运来，经过一年多的施工才完成，这就是我们今天看到的模样。医院为日本式建筑，也叫"大和式"，平面结构呈口字形，内部也以日本格调为主，门窗有圆拱，大多为平窗，显得素朴大方，远远望去颇为突出。它共耗白银 80 万元，比救世医院规模更大，设备更完善。

博爱医院

从 1919 年起，博爱医院附设"医学专科学校"，院长兼校长，医师兼教师，医院为课堂。医校共招收过 6 届学生，以日语教学，前后毕业了 60 名学生，大多在闽南和南洋各地从医。

1937 年抗战爆发，医院停办。1938 年厦门沦陷后，医院复办，因院址被日本海军占住，医院移至厦门民国路。不久，海军迁走，改成博爱医院鼓浪屿分院。

抗战胜利后，总院、分院均被国民政府接收。因厦门大学被日军严重破坏，迁往长汀的厦门大学返回后无法开课，博爱分院与八卦楼一样，一度作为厦门大学的新生院。

新中国成立后，医院由中国人民解放军陆军接管，作为疗养院，先叫"六九疗养院"，后改名为"一九四疗养院"，现在改作招待所。

吡吐庐

清康熙二十二年（1683），施琅将军统一台湾后，上疏奏请在厦门设立海关。翌年，康熙准奏，设立闽海关厦门口、福州口，并"派户部司员一员催征闽海关税务，一年一更"，司员满汉各一人，分驻厦门和福州南台。雍正七年（1729），海关业务改由福建巡抚兼理，不久又改为中央直派闽海关监督，常驻福州。这时的厦门海关曾称"户部衙门"或"旧关"，亦称"常关"。

鸦片战争后，厦门被辟为"五口通商"口岸之一。同治元年（1862）3月30日，厦门关税务司署成立，称"新关"，或叫"洋关"，关长（税务司）由外国人担任，规定厦门50里外由洋关管辖，常关只能管民船贸易。厦门关从此走向半殖民地化，国家主权开始丧失。至1901年，《辛丑条约》干脆把厦门常关也划归洋关兼管，从此，国家主权全面丧失。

洋关成立后，税务司即在鼓浪屿石勘顶租用英籍船长菲茨吉本的住宅。1865年7月1日船长托人将住宅卖给了海关，价银6000关平两。海关即对船长住宅进行改建，扩为两层别墅，费

吡吐庐

银 2896.82 关平两，人称"税务司公馆"，亦叫"吡吐庐"（译音），现编田尾路 27 号。

吡吐庐为西欧式别墅，鹤立土丘顶上，十分引人注目。别墅为坡顶拱券，宽廊百叶，廊间压条下用红陶瓶件装饰，古朴典雅。附有地下隔潮层，内有 9 间厅室，尤以大厅最为宽敞华美，可以宴饮、歌舞、议事。别墅四周旷地甚大，花园管理井然有序，视野特别开阔，不论站在哪一面，纵目就见大海、青山、蓝天。从 1862 年起，至 1949 年厦门解放时止，厦门海关实任的税务司共 45 名，其中 44 名是外国人（英国人就有 23 名），均住在这里，中国人只有 1 名，还是临解放才接任的，没有住过吡吐庐。洋人税务司备有"专轿"，每天由轿夫抬到码头，再由关艇接送到厦门上班。

吡吐庐还有一幢副楼，供轿夫、花工、门卫、厨师等居住。副楼东侧还有一个 3300 多平方米的菜园，种菜师傅谢狮头专门种菜供应税务司。1952 年 11 月，菜园移交给厦门市政府接管，拨给师范学校用作食堂和羽毛球场，现编田尾路 54 号。

1949 年 7 月 31 日，最后一任英国人税务司经蔚斐离去后，吡吐庐曾空置了一些日子，后由驻军使用。1956年起，厦门搬运公司租此楼作为工人疗养所。1992年海关总署收回吡吐庐，1996年将其拆除，并在这里建成培训中心海上花园酒家。

副税务司公馆

　　海关税务司公馆是石堪山的吡吐庐，副税务司公馆则在漳州路9号和11号。9号的副税务司公馆又称Hillcrest，原来这里是独座的石头房子，是英国商人建给自己住的；1865年12月，海关以7500大洋向英商购买；后又于1923～1924年间花了44795两银改建成二层红砖结构的英式小别墅，有大小7个房间，历任

副税务司公馆

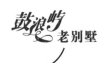

副税务司均住在这里。

11 号为大帮办楼，又称 Hillview，由负责查缉工作的副税务司居住。1870 年向英商购买，同样于 1923～1924 年间进行改建，花银 33772 两，也系二层红砖结构的英式小别墅，比 9 号的别墅更小一些，只有大小 6 个房间。

新中国成立后，驻军曾一度借用，后作为海关职工宿舍。1958 年这两座别墅全部交福建省干部休养所使用。改革开放后，又纳入"观海园"范围。

这两座别墅平面整洁，小巧玲珑，坐东朝西，面对厦门西海域，推窗即见九龙江出海口和金带水海域，视角十分宽广。站在廊下远眺，心情特别舒畅，意境特别高远，是十分宜居的休闲别墅。别墅有一条内廊贯通整个建筑，外廊宽敞，均装落地长窗。白色窗扉前为百叶窗，后挂拖地长幔，幔后是铺着榉木地板的客厅，是主人会客、叙谈、议事和举行周末舞会等的共享大厅，高雅温馨而又浪漫时尚。别墅另建有厨房、餐厅、勤杂服务人员的附属住房。建筑立面设计洗练大方，清水红砖和横式凹槽红砖柱与白色立柱、白色檐口相衬，十分匀称，颇为典雅，钢栏特别简约大方。整座别墅红白两色，形体美观，百看不厌，可以说是一件艺术品。设计师还考虑到建筑与庭院的和谐，用花园环境衬托别墅，绿色、红色、白色相互提携，形成十分优美的艺术环境。居住在这绿树环抱、芳草飘香、蝉鸣鸟唱的仙境里，令人身心愉悦。

如今，这两座别墅的产权已经过置换，新主人将落地长窗改为半墙窗，外廊也改成了客房，别墅因功能的改变而失去了原来的韵味。站在厅内，已不复有当年那种高远的心境，只有普通酒店客堂的感觉；不过，它的外形依旧十分漂亮。

理船厅公所

清康熙二十二年（1683），靖海侯施琅统一台湾后，奏请开放海禁，设立海关。翌年，闽海关厦门衙署正式成立，由户部派司员一员，"榷征税务"。至雍正三年（1725），厦门口的税收达 10 万两白银，成为"闽海关第一口岸"。

当年的厦门海关管辖的业务十分广泛，主要是税务和海务两大类，曾兼办过 14 年的邮政事务。税务包括监管、征税、缉私和编制海关统计。海务即助航与港口事务，分灯务和港务，包括灯塔和浮标的设置与管理、气象预测与电台通讯、航道测绘与疏浚、码头与海堤建设、引水、检疫等，基本上包揽了除军事以外的所有海上事务。仅灯塔就先后辖有北起温州的冬瓜山，南至香港的横栏洲，以及台湾的南岬、澎湖的渔翁岛等 19 座，可以说是管了中国的"半壁大海"。

这么庞大复杂的业务，海关设有专门管理的职能部门。这一机构在 1913 年前叫"理船厅"，长官称"理船厅长"；1913 年后改名"理船科"，长官称"总巡兼理船厅长"；1928 年改名"港务科"，长官称"监察长兼港务长"；新中国成立前夕长官单称"港务长"。

光绪九年（1883），海关在鼓浪屿三丘田海滨购置了一座旧房，作为理船厅公所，也叫"总巡公馆"，供"理船厅长"居住和办公。1914 年，将旧房翻建成独座新楼，占地约 667 平方米。它东临鹭江，船只可以直接携缆其侧，航标是通过铁轨推放入海的，并有一座花岗岩条石铺成的公共码头供上下交通，楼西为墓

港务长大楼

地，南面为林氏产业，北面紧邻海关无线电台的栈房，共占地约4087平方米。如今，东面填海成新陆，建有新楼，铁轨也已不存；南北西三面也新楼如笋，已非原来面貌。

1928年，理船厅改名港务科后，这楼就一直叫"港务长公寓"或"港务长大楼"。1951年，海关奉令将其移交给交通部航务总局厦门区海务办事处接管，现为上海海上安全监督局厦门航标区，编鼓新路60号。

港务长大楼由英国人设计，分主楼和副楼，副楼紧贴于主楼左侧，与主楼相通，但风格与主楼迥异，也完全不同于鼓浪屿其他别墅建筑的副楼。主楼分两层，附有地下隔潮层，地下层与二楼为拱券，一楼为平梁，四面回廊，落地门窗，装有百叶，以红白两色为主调，系一座以英式为主的楼房。设计师就地取材，墙体、廊柱均使用清水红砖，柱头、柱础和压条以及拱心石以白色花岗岩点缀其间，门窗为钛白色，钩栏和女墙又采用中国琉璃瓶件作装饰，红、白、绿搭配得十分和谐自然，线条平展，简洁流畅，与大宫后验货楼的格调颇为相似，掩映在绿树丛中，分外美观大方。

★宫后验货员公寓

　　鼓浪屿体育场南端，通向菽庄花园的转弯处，路旁有一红一灰两幢楼，路东红色的叫"大宫后验货员公寓"，路西灰色的是原荷兰领事馆。

　　大宫后验货员公寓因地处兴贤宫（又称"大宫"）之后，故名，现编中华路 2 号，是一座英式两层公寓，1923 年建成，由英国人设计，上海工人施工。因整座公寓只住五户人家，人又称其为"五间楼"；又因系厦门税务司（海关）英籍验货员的公寓，这些英国人身穿白色关服，进进出出，老百姓谑称其为"白鼠"，此楼也就叫作"白鼠楼"。公寓只住英国人，中国职员不能居住。

　　这里原为一片旷地，有一幢旧楼，为英商德记洋行的产业，占地一万多平方米，1870～1884 年间，税务司陆续用 2000 多两白银购得。1903 年旧楼翻建成西式平房，作为"厦门关洋员俱乐部"；1943 年改称"厦门关同人进修会"。其南面还有两个网球场，1923 年在球场南端建成这幢验货员公寓。

　　公寓的特色是纤秀灵巧，线条平展，简洁大方。底层平沿，二楼连拱连廊，一个连着一个，颇有节奏感。重力柱与间隔柱配置有序，均用清水红砖砌成；重力柱以红砖作方块艺术堆叠，间隔柱为八角红砖砌成，配以钢花钩栏，明亮空透。楣檐与女墙配合得协调得当，不显累赘。女墙及烟囱也用清水红砖砌成，整座公寓以红砖的自然色泽为主色调。

　　每户底层有会客室、餐厅、厨房、卫生间、独立楼梯，互不

干扰；二楼为卧室、书房、储藏间，设有壁炉。落地门窗均为钛白色，掩映在宽廊之内，点缀于红砖之间，红白两色鲜明和谐。这种公寓设计，即使在现在也是比较合理和实用的。

新中国成立后，公寓原为厦门海关科长以上干部居住。1958年因鼓浪屿环境优越，尤其是福建省干部休养所拥有自己的海滩，所以到此休养的干部甚多，以至于休养楼接待不下。厦门市政府决定将这幢海关宿舍划入省干部休养所的范围，改作休养楼，另拨宿舍与海关交换。海关顾全大局，让出了宿舍。"文革"后，它一直作为省干部休养所的职工宿舍至今。

"五间楼"后面的俱乐部，1963年与鼓浪屿中山图书馆对换使用；1984年签订协议，产权正式对换，将原俱乐部拆除，在原址建起了一幢外形仿北欧风格的中山图书馆。

验货员公寓

工 部 局

工部局，是《鼓浪屿公共地界章程》签订之后于 1903 年 1 月成立的；同年 5 月开始行使权力，它听命于各国领事组成的"领事团"。工部局最初租用和记崎的一幢民房办公，该房后来作为泰利船头行的办公楼，原编鼓新路 40 号。这是一幢普通的单层英式建筑，大约建于 1880 年前后，连拱连廊，拼木地板，附有地下隔潮层，进出为简单的双向花岗岩石阶，没有豪华的大门，与鸡母嘴口的姑娘楼为同一格调。但这里居高临下，整个鹭江海峡、箕笴港口以及厦门全景尽入眼底，是一幢视野极为宽广的崖顶别墅，可以说风景这里独好，可惜这幢别墅已于 20 世纪末塌废。

20 世纪初叶，工部局择地岭脚，新建办公楼、宿舍和监房。抗战胜利后为区公所。1949 年后为鼓浪屿区人民政府所在地。1958 年，工部局原楼被拆除，新建了办公楼。20 世纪 80 年代厦门开放后，又将办公楼拆除，在原址新建了区人民政府办公大楼。2003 年 5 月，鼓浪屿区并入思明区后，这里成为街道办事处。

兹将工部局策划成立的经过记述如下：

中日甲午战争后，日本挟战胜者的威风，以《公立文凭》条款为由，要求在厦门设立"专管租界"。1899 年 1 月，日本领事上野专一提出以鼓浪屿燕尾山到五个牌约 42.9 万平方米和厦门沙坡头到水仙路约 13.2 万平方米的土地作为日租界，抵换以前提出的嵩屿和大屿间约 56.1 万平方米的土地。日本要的燕尾山到五个牌间的土地几近鼓浪屿的三分之一。美国领事巴詹声得悉日本的企图后，立即"拜会"后又"照会"兴泉永道恽祖祁，

和记崎时的工部局

要求将鼓浪屿剩下的三分之二划为美国租界，并说"如未能照允敝国之请，而独允现时所设租界（指日本），则不能视为和好与国所应办也"。

德国领事梅泽也紧急拜会恽道台，提出"鼓浪屿是通商口岸，不能有租界"，企图阻止日美瓜分鼓浪屿，并提出鼓浪屿应由中国和各国领事共同治理的主张。上野专一眼看情势复杂，未敢在鼓浪屿动手，而胁逼恽祖祁到厦门虎头山划界，结果，厦门人民用粪扫赶走了日本侵略者。

1900 年，八国联军进攻北京，慈禧太后、光绪皇帝仓皇出逃，朝廷无人管事。胡里山炮台的驻军领不到饷银，酝酿举事，哄乱欲变。此事被美国领事巴詹声得知，他跑到炮台，"慰劳"士兵，"慷慨"拿出 1 万元为驻军发饷，还劝士兵"报效朝廷"。闽浙总督许应骙致信美领事对此深表感激，并有意将鼓浪屿优先划给美国作租界。可日本要三分之一，德、英、法也要，矛盾突出，谁也独吞不了。于是，巴詹声提出"门户开放，利益均沾"，联合驻厦各国领事，共同策划"鼓浪屿公共地界"，并带上翻译许文彬，到福州拜会许应骙，献计"把鼓浪屿划作公共地界，既可杜绝日本独占的野心，又可兼护厦门"。此说正中许的下怀，他对"兼护厦门"尤感兴趣，立即表示同意，并随派省洋务委员按通商条约面议《公地章程》，还电示兴泉永道去与巴詹声"妥商办理"。不久，巴詹声奉调回美，公共地界事宜由日本、英国领事接办。

清政府命兴泉永道、厦防同知和洋务委员与各国领事洽商"公共租界"时，许应骙又加派漳州知府和厦门税厘局提调参与谈判。1901 年 10 月 14 日，在英国领事馆举行的讨论会上双方发生争执，英国领事认为，既是租界，中国政府就无权干涉岛上事务，于是在"租界"和"公地"的含义上意见不一，会议未能取得一致。兴泉永道请示许应骙作出决断，许电复"做公地、做租界均无不可，唯必加上兼护厦门一节"，理由是"厦门为华洋行栈所在，商务尤重，应由中外各国一体保护，以杜东邻（日本）觊觎"，还特别说明"如无此节，即作罢论"。这种主动把国土拱手送给洋人的行径，唯许应骙最为明目张胆。这样，1902 年 1 月 10 日在日本领事馆再次召开会议时，各方均无异议，但"兼护厦门"一节，各国领事表示要请示驻京公使后才能决定。随即举行了《公地章程草案》签字仪式，但中英文本从标题到内容均有歧异。

许应骙接到签押的中文章程草案后，于 1902 年 3 月 3 日上奏朝廷，坚持"厦门均归一体保护"的主张，并同时将中文本草案送外务部审核。上野专一也将英文本送驻京公使团转送外务部。外务部发现中英文本有歧异，致电许应骙要求复核。复核中各领事均不同意"兼护厦门"，最后由驻京公使团领衔公使美国公使康格照会外务部："鼓浪屿公界章程各国兼护厦门一事，各使臣认为仅限于鼓浪屿之租界合同，不能言及兼护厦门土地，各国领事实无此权，即各使臣非奉本国之嘱，亦复无此权力。合同内立此条款，系属无用。"

后来，许应骙又指示兴泉永道多次与驻厦领事磋商，各领事仍坚持不能兼护。许才上奏外务部说"各国公使不允"而推卸责任，仍坚持"既然不允，那全约作废"的个人主张。外务部根据许的奏折，上报光绪："厦门地当要冲，实为闽省屏藩，该督拟订各国一体兼护，意在预防他国专横窥伺，不为无见。唯厦门为中国地方，本非外人所能干预，若明订章约，强令各国互相兼护，轻失自主之权，于义无取。若因各国不允保护，遽议前约作废，无论各使未必允许，即令就我范围，窃恐名既不正，言又不顺，亦将重贻列邦讪笑。臣等商酌，不如将原订中文章程保护厦门一节，径行删除，较为简净。"1902 年 11 月 21 日，光绪朱批"依议"，外务部即通知各驻京使团转告驻厦领事。

1903 年 1 月，工部局正式成立，鼓浪屿实行租界管治。从此，鼓浪屿沦为半封建半殖民地达近半个世纪之久。

会审公堂

鼓浪屿笔架山顶的榕阴下，有两幢西欧式别墅，造型基本一样，成对称状，立面圆平组合，颇为和谐，女墙设计甚有艺术韵味，这就是原"鼓浪屿会审公堂"。

鸦片战争后，厦门成为"五口通商"口岸之一，西方列强蜂拥而至，先后有 13 个国家在鼓浪屿设立了领事馆。领事们组成了"领事团"，成为鼓浪屿的最高权力机关。他们策划把鼓浪屿变成"万国公地"，即不受中国政府管辖的"公共租界"，并订立了《鼓浪屿公共地界章程》，按规定设立"工部局"以执行"领事团"的决议。

会审公堂

　　鼓浪屿虽一时成了洋人的天下，但中国居民仍是多数，华洋杂处，纠葛丛生，处理这类事情就要有一个名义上代表中国，实质上为洋人办事的机构，于是就产生了"会审公堂"。在中国只有上海和鼓浪屿两地有此机构，上海的叫作"会审公廨"。鼓浪屿会审公堂是参照上海的先例于 1903 年设立的，原在黄家渡附近的锦祥街"保商局"旧址，1920 年迁往西林日光岩墙外的泉州路 105 号，1930 年又迁往工部局后面笔架山顶"印尼糖王"黄仲涵的两幢欧式洋楼（约建成于 20 世纪 20 年代），现编笔山路 1—3 号。

　　会审公堂是工部局的附庸，规定"凡案涉洋人，无论小节的词讼，或有罪名之案，均由该领事自来或派员会同公堂委员审问"，"凡案内人证有受洋人雇佣及住洋人寓所以内者，传拘票签"，要"先期送由该领事签字，方准奉往传拘"。这些规定把中国其他地方只有外国人享有的"领事裁判权"，扩大到包括帝国主义的代理人和洋人雇员及住洋人寓所的人。可以说，当年的鼓浪屿是中国把主权让给洋人最彻底的地方。

1933年11月，十九路军发动"闽变"，成立"福建人民革命政府"，发出108号训令，"撤废鼓浪屿会审公堂"，以收回司法权。但"领事团"不承认训令，会审公堂继续存在。1941年12月，太平洋战争爆发，工部局和会审公堂均被日军接管，成为日本侵略者的附庸。抗战胜利后，历时42年的会审公堂被撤废。

新中国成立后，废除了一切不平等条约，鼓浪屿完全回到人民的怀抱。如今，原工部局大楼已经不存；会审公堂的两幢欧式楼房也于20世纪60年代成为福建省干部休养所的一部分，"文革"后改为民宅至今。

如今，领事早去，先人已逝，楼房依旧，门楼尚存，院内衰草萋萋，榕须垂挂，不见当年的喧闹。但站在挂过公堂招牌的门楼前时，令人不禁依稀感到当年鼓浪屿的屈辱。

海底电缆与大北公司

20世纪五六十年代，在鼓浪屿观海别墅西边的海滩上，躺着成捆的锈钢线，线头伸入岸边一座长廊拱券的欧式平房内，这就是海底电缆和丹麦商办大北水线（电报）公司的电报房（以下简称"大北公司"）。可别小觑这座不起眼的平房，在半个多世纪里，它是一座吸走了厦门700多万银元的"魔房"。

清同治八年（1869），丹麦王国在鼓浪屿设立领事馆，但没有派驻领事，却派来了大北公司，领事一职则由法国领事监理。大北公司在田尾西面的海边建了一幢单层的电报房，长廊拱券，一派欧陆模样，然后擅自敷设了厦门至上海、厦门至香港的长

大北公司电报房

1574 千米的海底电缆，并于 1871 年 4 月将电缆引入报房，开始收发电报。12 年后，即光绪九年（1883），大北公司才与中国电政机关签订合同，电缆获"准许"登陆营业，并经"同意"借用厦门电报局水陆联络线 20 年，后又延长至 1930 年年底。大北公司取得"保护伞"后，就公然在厦门海后滩和鼓浪屿田尾正式设立电报收发处，月平均营业收入逾 2 万银元，可盈余 1 万余银元，由汇丰银行汇往大北总公司。

　　1913 年，林尔嘉修建菽庄花园"四十四桥"时，拟通过大北公司前面的海滩与其亲家黄奕住的观海别墅相连接。大北公司以影响海底电缆为由加以阻止。为此，林与大北公司打起了官司，一直打到欧洲，没有结果，长桥工程受阻，未能实现与观海别墅相接的愿望。

　　兼理丹麦领事事务的法国领事，看到了大北公司的"油水"，也于光绪二十六年（1900）引进法国水线（电报）公司到鼓浪屿。这家法国公司效法大北公司，也私自从越南海防都兰敷设长 1481

千米的海底电缆到鼓浪屿。该公司与大北公司合设一处，派柏纳乐为经理，亦直接向公众收发电报。中国多次交涉，令其停止侵犯中国主权的行径，均告无效，后因该水线阻断，法国公司才不得不停止电报业务。1924 年，法方异想天开，竟想向中国让售这条废线，理所当然遭到拒绝。

1928 年，中国电信当局决定收回电信主权，与大北公司的合同不再延期。福建电信工会厦门支部全体员工于 1931 年 1 月 1 日按合同期限截断了大北公司借用的水陆联络线；同年 2 月 12 日又强制撤销了大北公司在海后滩和田尾电报收发处的营业权，明令其不得向公众收发电报，但又同意它保持接转上海、香港发来的电报。1942 年太平洋战争爆发后，该公司被日军封闭，报房从此空置。

1953 年，笔者在市邮电局报房工作时，因发报机发生故障，还调用过大北公司的发报"快机"。"文革"后，大北公司的报房由商业局修缮后，还办过学习班。如今，海底电缆早已不复存在，报房前修了环岛路。游人经过这里，有谁会想到，就是这座平房侵夺了中国的电信主权达 60 年之久。

乐群楼与石栗

鼓浪屿鹿礁，自大英帝国在那里建造领事馆后，先后有德国、西班牙、日本等国也在那里建造领事馆，形成了一个"领馆区"。区内有用英语传道的专供洋人使用的教堂，还有一座也用英语会话专供洋人娱乐的俱乐部。后来，领事和洋行老板们感到俱乐部远离住宅，到此娱乐有诸多不便，于是，大概于 20 世纪

20 年代初期，将此俱乐部卖给华侨黄秀烺，再在田尾英国大、小领事公馆和法国领事馆之间，新建了一座多功能的、现代化的俱乐部，内设中国最早的保龄球间，这就是"乐群楼"，鼓浪屿人通常称其为"万国俱乐部"，也叫"大球间"。

乐群楼

乐群楼是专供领事馆官员、外国洋行老板和高级职员娱乐的场所，内设舞厅、酒吧、台球室、外文书籍阅览室和交际厅，并附有露天板球场、网球场等，功能相当齐全。到此娱乐者必须衣着整齐、举止文雅，否则不准入内。领事和洋行老板们用英语会话，交流信息，交换情报，策划诸如拐卖华工、走私鸦片等等罪恶勾当。

俱乐部外形灵秀端庄，属欧美综合型。外部简洁，不施欧陆雕塑；线条明快，不作繁丽装饰。内部设施完善，装饰甚为讲究，楼梯、地板、门窗均用柚木制成。20 世纪 60 年代改作福建省干部休养所后，接待过许多高级干部。1984 年改成观海园度

假村时，俱乐部拆除了两个球道的保龄球间，作了重新装修，改作酒店。可惜的是柚木门窗换成了铝合金，虽然迎合了时代潮流，却失去了异国风采，颇感气韵失衡。

俱乐部边门外有一株高大的大叶树，树冠甚大，树阴面积甚广，不落叶，能结果，名叫"石栗"。石栗种在楼旁，颇有生机益然、春意温馨的感觉。石栗是日本帝国主义强占鼓浪屿后种的。在日本，石栗主要是作为公路的行道绿化树，既绿化，又结果。石栗果肉纯白，可榨油，是一种高级工业用油。它含单宁较高，如将单宁剔除，还是一种美味的食用油。

20 世纪 60 年代初期，厦门市委第一书记袁改同志在此接待某省的一位书记时，得知石栗的用处后，很快通知园林部门来此收集种子，进行培植推广。如今，白鹿路、百家村路等多条马路两旁的行道树，就是那时培育的。这些行道树，树冠已经超过路旁的房子，夏日浓阴蔽日，为我们营造了一片凉爽和温馨。

田尾女学堂

鸦片战争后，美国、英国的传教士接踵来到鼓浪屿，除宣传"博爱"，传播"福音"外，办学校发展教友是他们最热衷的事业。西方列强的教会先后在鼓浪屿开办过近 20 所各类学校，包括幼儿园、小学、中学（含职业中学）和大学，有走读和寄宿的，有日学、妇学和神学，以圣经为课本，用"传道作导线"，融洽"家长与教会的感情"，引导儿童、青年"明道信主"。传教士的报告中说，"每一种课程都是为了引导女孩子们信仰耶稣基督"，其办学目的再清楚不过了。当然，它对传播西方文化起到了颇有影响的作用，也"造就了数百万区别于旧式文人或士大夫的新式的大小知识分子"（毛泽东语）。

最早在鼓浪屿办学的英国伦敦差会，于 1844 年在和记崎创办的"福民小学"、"澄碧中学"和专门培养中国牧师的"圣道学院（校）"是鼓浪屿最早的小学、中学和福建最早的神学院。教会学校不受中国教育机关管理，自编自印教材；《基督教三字经》就是美国归正教当时编印的通俗教材，流传甚广。

田尾女学堂

1845 年，美国归正教在厦门寮仔后开办了第一所小学，1847 年又开办了"女学堂"。女孩子上学在当年十分稀罕，全中国也不过两三家女学堂。厦门这所女学堂开了福建女学之先河，开始只有学生 12 人，校长是牧师打马字的二女儿玛莉亚，人们叫她"二姑娘"。1880 年，学校失火，女学堂迁到鼓浪屿田尾，称"田尾女学堂"，又称"华旗女学"。不久设师范班，约于 1921 年发展为中学，并将校名改为"毓德"。1925 年，毓德女中搬至东山仔顶的寻源中学校舍，寻源中学迁往漳州。至 1934 年，在女学堂就读的女中学生达 254 人，女小学生达 299 人，女学堂成了鼓浪屿颇具规模的小学和中学。

毓德女学堂校舍为两层砖木结构的欧式建筑，建于 1880 年之前，方柱坡顶，拱券长廊，落地门窗，附有百叶，正面山墙的气孔与楼面的大小圆拱和谐统一，简洁轻盈。尤为突出的是楼房墙面不抹泥灰，全系红砖密缝勾勒，廊间压条下也用红砖搭砌成简易的花式，通透性好，虽经百余年，至今完好，不失闽南红砖

建筑的本色美。

　　1942 年太平洋战争爆发后，英美教会办的小学均被勒令停办，抗战胜利后复办。新中国成立后，1952 年，政府明文收回教会学校，毓德女小划归厦师附小，1960 年改名"第一中心小学"，现为人民小学。女小的校舍先划归厦门师范使用，1960 年厦师迁往同安后，划归省干部休养所使用，现为该所餐厅，编田尾路 14 号。正门拱楣上的"毓德女学堂"五字只剩下残痕，其余还是当年模样，但已成危房。

伦敦差会姑娘楼

　　1842 年，中英《南京条约》签订后的第二年，英国传教士施约翰夫妇来鼓浪屿宣传"福音"，创设基督教鼓浪屿伦敦差会，又称"伦敦公会"。先后在厦门泰山口和关隘内各建一座"福音堂"，又在鼓浪屿和记崎（今鼓新路杨家园、笔山小学一带）建了三幢两层楼房，一幢做礼拜堂，即鼓浪屿福音堂的前身，两幢做学校，即现在的笔山小学。另在鸡母山麓建一幢专供女牧师、女传道士居住的房子，这就是当年的"伦敦差会姑娘楼"，也就是我们今天所看到的已作为民居的"黄楼"。在它上面的不远处，有一幢供男牧师居住的"牧师楼"，现尚完好。

　　姑娘楼系单层民居建筑，有地下隔潮层，宽廊拱券，内设壁炉，拼木地板，宽廊内就是卧室，是相当典型的英式住宅。楼房墙面简洁，檐线只作简单堆叠，不作繁华装饰。进入厅室的双向石阶，就地取材，使用花岗岩石料。这种格调的英式住宅，在鼓浪屿留存的西欧民居别墅中，还有相当数量。

姑娘楼

1850 年，英国长老会传教士庸雅各也来鼓浪屿传教，并在厦门建造礼拜堂，其长执杜嘉德任期最长，达 20 余年。1880 年，为纪念杜嘉德在厦传教 22 年，在姑娘楼右侧、鸡母嘴口泉州路交界处建造了一座新的礼拜堂，称"杜嘉德纪念堂"，福音堂即从和记崎迁到这里，长老会与伦敦差会进行了合并。后来又因纪念堂遭白蚁蛀蚀十分严重，于是又在日光岩下建造了新的礼拜堂——"福音堂"，两会也改称"中华基督教会"。1913 年，和记崎的旧礼拜堂卖给了华侨杨忠权，杨在那里建造了"杨家园别墅"。杜嘉德纪念堂被白蚁蛀蚀一空，1923 年卖给新加坡华侨林振勋，林在那里建起了"林屋"。

太平洋战争爆发后，日本强占了鼓浪屿，各国领事相继撤离。日本帝国主义在鼓浪屿强行推行帝国主义奴化统治，英美的教会受到严重冲击，教会学校也被撤并，并被强令取消英语和基督教课程，改学日语，还推行"大乘佛教"，组织"厦门大乘佛

教会", 为其侵略服务。

姑娘楼的牧师、传道士也在战争后离去, 楼宇空置。新中国成立后, 创办了"亚热带植物引种场", 这里曾做过办公楼。20世纪80年代的改革开放, 给鼓浪屿带来了勃勃生机, 姑娘楼作为销售书画及工艺品的专业画廊, 引来众多游人, 厦门国旅等多家旅行社常带游客到此休息, 品茗赏画。但是, 楼宇显得十分苍老, 矗立于路口, 与周围房屋甚不协调, 却引得众多游人注目窥视, 见到它能使人想起那个时代的风云和色彩。后来姑娘楼经过修缮, 住进了新的居民; 而周围的树木疯长, 遮住了房屋, 现在已看不到全貌了。

安息日会与美华学校

鸦片战争以后, 英美教会涌入鼓浪屿。美国安息日会是最迟到达鼓浪屿的, 可以说是搭了一趟"末班车"。光绪三十一年(1905), 安息日会进入鼓浪屿后, 先在泉州路租用民房传教, 而后向漳泉各地扩展, 首任牧师是美国人韩谨思·安礼逊。

安息日会在传教的同时, 创办了"育粹小学", 后改名"美华小学", 聘用中国人为校长, 以办学作为传教的辅助手段, 也借以培养自己的势力。

1910年, 安礼逊通过美国领事馆, 低价购得黄姓族人在五个牌的一些公地, 陆续建起几幢楼房, 育粹小学即随教会一起搬至五个牌的新楼, 还一度扩办中学。1934年, 又在鸡山路新建楼房, 增设"美华女学"; 同时又新建一所规模较大的教堂, 现编鸡山路18号。1938年, 男女两校合并, 迁入新教堂, 改名为

安献堂

"美华三育研究社"，设英、汉、算三门课，只能算是一种补习班，太平洋战争爆发后停办。

新教堂落成后，该会在此召开闽南各属支会的联谊会，牧师安礼逊主持新教堂的"奉献典礼"，因此，新教堂被命名为"安献堂"。

安献堂由中国建筑师设计，完全是学校形式，不像教堂。设计师根据闽南盛产花岗岩的优势，全用条石砌造教堂，粗犷美观，光线充足，牢固实用。女墙也用花岗岩石锯齿装饰，颇像城堡，洗练明快，形式独特。安献堂是鼓浪屿唯一以条石堆砌而成的三层方块形建筑，这在日后的几十年里闽南各地的民居建筑中均广泛采用，尤其在农村，木材短缺，建造住宅或学校时，基本上是以花岗岩为主，形成了富有闽南地域特点的建筑艺术，也表现出了闽南工匠的劳动智慧。

新中国成立后，党和政府仍在这里办小学，取名"康泰小学"，后改名"工农小学"。20 世纪 80 年代起，改为专业的音乐学校，成了造就音乐家的摇篮。音乐学校搬走后，又改成了养老院。

山雅各别墅

　　鼓浪屿福州路199号，是一幢英国维多利亚风格的别墅，约建于19世纪末或更早一些，主人是英国伦敦公会的牧师梅逊·山雅各，因墙面刷褚红色泥灰，故又称"红楼"。

山雅各别墅

　　《南京条约》签订后，厦门作为"五口通商"之一口，对外开放。大英帝国首先派驻领事，同时也派来"基督教伦敦公会"的牧师梅逊·山雅各。他相中了笔架山麓滨海的一块龟形坡地，在龟背上建造起私家别墅。这里下临鹭江，直面对岸的厦门鹭江道，交通便捷，风光秀美，又靠近英华学堂，是颇为理想的居家之地。

红楼为二层别墅，面积约 1000 多平方米，东北两面有双向踏步进入楼内，与回廊相连。中通道将别墅一分为二，左右各两间卧室，各有一壁炉，有落地窗将走廊与卧室相隔，这与同时期建造的英华学堂教师公寓"西欧小筑"基本相同，红墙宽廊，廊后卧室布局。一楼的四间房，南面为客厅和工作间，铺有彩色花砖，设有储藏柜。有一间做过印刷间，后来有人还见过印刷机。走廊和通道里有三部楼梯直上二楼，二楼的布局与一楼完全相同，通道两侧各两间卧室。回廊、门窗、天花均为欧式，木楼梯上覆盖的安全木盖，至今仍在使用。

墙面的拱券大小相间，非常艺术化。方柱拱脚的多层线脚粗细相叠，简洁明快。女儿墙稍低矮，绿琉璃隔花依旧光彩，唯墙面的褚红色大多已褪尽，成了灰白色。一眼望去，维多利亚风韵跃然眼前，欧式建筑文化表现得甚为完整。

光绪二十八年（1902）3 月，山雅各创办了《鹭江报》，10天一期，每期 3~4 万字，立场是维护英帝国的在华利益，在广州、上海、天津、香港、台湾，以及东南亚、日本等地设了 32处发行所、代办处。报社缺乏编辑，山雅各登广告招聘，正巧我国爱国文史学家、《台湾通史》的作者、国民党荣誉主席连战的祖父连横路过厦门，前去应聘，即被录用。从这开始，连横就与山雅各以及红楼搭上了关系。1905 年，《鹭江报》停办，连横回到了台湾。

不久，连横携眷再次来到厦门，这次是为了与同盟会会员、华侨黄乃裳、蔡佩香等友人创办《福建日日新闻》而来的，他出任主笔，社址在厦门大史巷。《福建日日新闻》是一张鼓吹民族自强的报纸，经常刊登反对外国侵略的文章，号召抵制美货，还揭露帝国主义控制我海关等罪状，遭到美国领事的仇视。在美领事的压力下，福建总督令兴泉永道查办，罚款 1000 元，停刊一周，更名出版。后来，改名《福建日报》继续出版，并作为同盟会的机关报，后终因反帝反清的倾向鲜明，于光绪三十二年

（1906）被勒令停刊。连横即告别山雅各别墅，携眷返回台湾。

连横两次来厦，都与红楼有关系，第一次是工作关系，第二次是把家安在红楼。据连横的外孙女林文月著的《连雅堂传》载："报社设在厦门，连雅堂和他家人则借住在鼓浪屿一位牧师家里。"可惜书中没有注明是中国牧师还是外国牧师，也没有说明哪条路、哪个门牌号。

据我调查分析，连横就住在今福州路199号原山雅各牧师的别墅里。根据有三：

一、连横当《鹭江报》编辑时，他要向总主笔、总经理山雅各请示报纸的编务和版式等，他到红楼与山雅各见面的机会颇多，两人往来应该是比较密切的；

二、连横1905年携眷来厦门办报，安全问题是首要的，为此他将家安置在山雅各牧师的红楼里，是颇为安全的，也方便工作；

三、红楼下临鹭江，与厦门大史巷的福建日日新闻社隔海相望，上班回家往来的距离最短，十分便捷。山雅各牧师的红楼应该是他的首选地。

我的这一分析推断，已经被连战先生所接受，他还表示过要去参观。但厦门有的文史学者不同意此说，认为连横是住在永春路的中国牧师周寿卿家里，也是一说。

红楼在山雅各离去后，产权转入林文庆夫人殷碧霞名下。1922年，殷又将别墅转给印尼华侨李丕树，李一直住在二楼。其夫人于1996年93岁时才去世，现由其外孙女居住，一切保持原样。李丕树，祖籍南安，少年时出洋谋生，在印尼发了财，于1922年前后到鼓浪屿经营房地产，颇有建树。抗战中，他独自买了一架飞机送给蒋委员长支援抗日，蒋即亲手书"疏财卫国"匾相赠，还赠送"命牌"一副。

山雅各的红楼别墅与台湾特别有缘分，从连横到蒋介石，再到连战，两任国民党主席都与它有关，这是十分难得的，此乃佳话，足以存史。

延平戏院

　　明朝时期，鼓浪屿中部的海湾一直延伸到今天的街心公园百货商店后面，其港汊更深入到今海坛路、市场路那里。民国初年，那里还称为"河仔墘"。"墘"，"边"的意思，河仔墘即河汊之边也。

　　约于1927年，缅甸华侨王紫如、王其华兄弟来到鼓浪屿，成立"如华公司"，买下河仔墘附近的地皮，将河仔墘港汊填为平地，先建成今海坛路15号沿街的店面，以及店面后方的单层市场，既方便了居民，也方便了菜农。不久，居民反映鼓浪屿没有电影院，看电影要跑到厦门，甚为不便。于是，紫如、其华兄弟将单层市场拆除，按新加坡模式在原址再建新市场，定名为"鼓浪屿市场"。新市场内，摊位按商品种类设置，蔬菜瓜果、鸡鸭肉蛋、生猛水产，分门别类，不相混杂，井井有条。楼层比民居高，间隔过道也甚宽大明亮，柱式大多采用简练的陶立克式，楼顶还特地建造了又高又宽的晴雨盖，宽敞通透，利于生猛海鲜、瓜果蔬菜的保鲜，也利于菜场秽气的疏导。又因鼓浪屿当时没有自来水，故特地在二楼建了一个蓄水池，用于消防和菜场的冲洗。据说紫如兄弟俩还雇佣了一个哑巴，为其提供住宿，让他专门为菜场清扫卫生。鼓浪屿市场是一个当时堪称现代化的新式市场，在厦门乃至闽南是一流的，一直沿用至今。

　　1928年，紫如兄弟俩从国外整船运来木材和德国的压花玻璃等建筑材料，在市场的楼上建起一座电影院，取名为"延平戏院"，内设楼上座和楼下座，约600个座位。戏院颇具欧式风格，

小巧别致，视听效果颇佳；室外附有长廊，供观众休息；楼下还特设一发电机房，自己发电，以供放映电影，是闽南一座有特色的戏院。1930 年前后以放映外国未经翻译的原版片为主，除外国人和华人高级职员外，观众甚少，虽票价较高，仍入不敷出，且要应付权贵勒索，不堪重负，只好租给他人经营；又因生意不好，于 1942 年太平洋战争爆发后停业。抗战胜利后，"和乐影业公司"租用它放映电影，改名"鼓

延平戏院

浪屿戏院"，至 1949 年停业，从此空置了一些时日。1954 年，思明电影院在此成立电影放映站，每逢星期六和星期天日夜放映电影，后增加到每周放映 4 天。1956 年元旦起，改为天天放映，并插空演出专业戏剧，又改称"鼓浪屿影剧院"。

1974～1978 年，陆续翻修了舞台、观众厅、外走廊，加高了屋盖，改造了观众席，座位由 600 个增加到 728 个，先于厦门实行无人检票。1979 年，改名为"鼓浪屿电影院"。1986 年，"鼓浪屿音乐厅"建成后，电影院停映电影，交鼓浪屿区文化馆使用。

王紫如有兄弟三个，紫如居二，其华居三，原籍惠安，家境贫寒，少小离家到缅甸仰光拉人力车谋生。适逢上海人力车出现使用滚珠花鼓筒以减轻劳动强度的新技术，紫如兄弟将其移植到

仰光的人力车上，获利甚丰。不久，他俩在仰光开设"泉胜栈"人力车行，出租几百部人力车，渐有积蓄，回乡盖了两落加护厝的闽南民居，由老大居住，至今尚在。同时还到鼓浪屿置业，建起了鼓浪屿市场和延平戏院，为子孙后代留下了产业。抗战胜利后，有人出1000两黄金的高价要收购市场，紫如兄弟深感这个经过千辛万苦才建造起来的市场应该留给后代，拒绝出售。

此外，紫如、其华兄弟还参股建设漳州到海沧嵩屿的"漳嵩公路"并参股"福建硝皮厂"，制作皮革，厂址就在原鼓浪屿灯泡厂旧址，由中国著名化工专家吕兆清（曾任上海市政协委员）任工程师。他俩还在惠安家乡广办善举，捐建惠南中学、玉板小学校舍和医院，修桥铺路，资助贫民，还领养弃婴，为他们提供读书机会，其中有的成了大器。如今，他们兄弟俩有儿辈20多人，分别在厦门、香港，以及加拿大、美国、新加坡、缅甸创业，颇为兴旺。紫如1974年去世，终年77岁；其华1969年去世，终年69岁，其墓现仍在仰光福建公墓内。紫如的妻子已是百岁老人了。

在私房改造中，市场和戏院均进入"房改"计划，由房管部门管理。厦门开放后，落实华侨房屋政策，经过努力，现除市场和延平戏院部分房产外，其余已归还紫如、其华兄弟的后人。待将来全部归还后，海外的亲友准备对其进行改造，再为鼓浪屿营造一处有文化内涵的园地。

大夫第与四落大厝

鼓浪屿中华路、海坛路的交会处，原来是一大片荒草地，人称"草埔埕"。清嘉庆元年（1796），同安石浔人黄旭斋来到鼓

大夫第

浪屿，在这里建起二落燕尾式四合院，现编海坛路 58 号。其子黄昆石官至户部监印、即选知府、盐运使、中宪大夫，生有五子，并领养二子，取义"七贤"。因住房不够，又在大夫第右侧建四落大厝（现编中华路 23 号、25 号）和一座燕尾双曲屋面住宅。这些具有闽南特色的民居建筑已有 200 多年的历史，是鼓浪屿现存最早的民居，在众多西洋建筑楼群里，显得十分突出，不失为鼓浪屿建筑的瑰宝。

黄旭斋，原为石浔运输船员，某日在水仙宫吃点心时，巧遇素不相识的蔡牵（清朝海上武装集团首领）。蔡牵吃点心后因无钱付账而与店主争吵，黄即代付并给了蔡一些银两。蔡当即给黄一面黄旗，嘱其插在船头。从此，黄的船只在海上畅通无阻，不受任何截检，因而致富。而后定居鼓浪屿，置业买官，成为颇有影响的家族，时称"草埔黄"。

大夫第和四落大厝，一为燕尾式，一为马鞍式，均为闽南传统民居。大夫第主厝为二落四合院，两侧有护厝。护厝与主厝之间形成纵向的狭长天井，使护厝的卧室免受夏季炎热的穿堂风的影响，创造了阴凉舒适的环境。护厝与主厝又以过水廊相接，便于室内的横向联系。这种主护四合院布局比起一列式布局来，内部联系更为便捷，更为优越。

　　大夫第与四落大厝的立面处理也极为丰富，用红砖空斗砌成多种图案，朴实无华，绚丽多彩，充分展现了闽南民居建筑的传统艺术。特别有趣的是，据说黄旭斋"八字"缺水，他特地把主房天井的地砖烧制成看似有波浪涌动的水纹砖，至今仍完好。山尖的浮雕悬鱼饰也具有闽南风韵，有飞蝶迎香、狮面吉祥等图案，祈福镇邪，画龙点睛，使山墙立面更为美观。室内装饰颇为艳丽，多彩多姿。工艺精美的泉州白墙脚、窗梶，8米长的庭石、阶石，青石浮雕、透雕，题材多样，形象生动。门、窗、隔扇、梁架、斗拱、座斗、雀替、鸡舌、垂柱花篮等构件上的雕艺，颇为高超，有的还配以色彩浓烈的彩绘或漆金，显得浓艳华丽。门窗的透雕装饰花式繁多，往往还间杂成组的人物、动植物，大多寓意吉祥，虽经百多年风雨，油漆剥落，雕艺却更显出古朴的神韵。此外，还有砖雕墙饰，也颇细腻，别具风采。

四落大厝

鸦片战争中，英军登陆鼓浪屿后，看到大夫第和四落大厝地势高峻、视野开阔，曾占据作为指挥营地。黄氏子孙奋起抗击，终因不敌而转往同安灌口。如今在大夫第的石埕上尚留有英军刻的三角旗标志，灌口也留有黄氏的产业。

大夫第和四落大厝已经历黄氏八世子孙，沧桑变幻，有的院落已不知是被那一世子孙卖给了他人，更换了主人；有的远涉重洋去了南洋或香港，如前香港特首董建华的夫人，就是四落大厝黄家二房的后人；有的院落挤满了子孙后代，为改变居住拥挤的状况，只好不断临时搭盖；有的残旧不堪，任意阻隔，已非当年面目。大夫第的匾额、中堂的祖先神主牌，以及壁挂的祖宗遗像，均在"文革"中被毁，前庭的院门院墙也已不见，只存四个门臼。寻访斯地，只觉院落规模之宏大，甚是气派，让人依稀能感觉到中宪大夫当年的威仪。

莲石山房

鼓浪屿鸟埭路 36 号，是座一落二榉三合院的红砖民居，约建于清代中期，至今已 200 多年了，是鼓浪屿最老的红砖古厝之一，这里是杰出的经济学家黄望青的故居。

黄望青于 1913 年 3 月 3 日出生在莲石山房。黄家原为望族，后家道中落。他父亲希望他成为家中的栋梁，为他取名"国魂"。稍长，他感到名字过于夸张，遂以厦门语的谐音"谷云"代之。中年后，又觉"黄"有枯黄之意，应望其青，故正式改名"望青"，笔名有耶鲁、郭安、李秋、阁薰等。

他五岁时，父亲独自到印尼谋生，家计全靠祖母、母亲操持。他在中学就参加了学生运动，后考入厦门大学法学院学习政治经济学。因家庭经济困难，他只能半工半读，到思明戏院翻译西片，所得用以接济家用和支付学费。他在厦大就读时积极参加抗日救亡活动，加入"反帝大同盟"，创办了《展望》、《鹭华》月刊，曾得到鲁迅的赞许。

莲石山房

厦大毕业后，他告别年迈的祖母和新婚的妻子，于 1935 年 6 月只身赴缅甸推销肥皂。因发表反英国殖民统治的文章，殖民当局欲加害于他，他只得急转到新加坡邵氏影业公司工作。在这里，他担任"抗日后援会"常委，并加入了马来亚共产党。1941 年 5 月，由于叛徒告密，遭英国殖民当局逮捕，判苦役一年。同年 12 月，太平洋战争爆发后，他被释放而转入地下，继续从事抗日活动。1942 年 4 月，他又被内奸出卖，遭日本宪兵逮捕，被判刑 10 年。

抗战胜利后，黄望青出狱，先到水厂工作，后来进了集华船务公司。他在那里工作了 10 年，学会了国际贸易和远洋航运业务，又因兼任英文秘书而与渣打银行建立了良好的关系，日后成

为渣打的高级顾问，前后达 15 年。他利用船务公司的业务便利，观察世界许多港口的情况，为自己的发展打下了基础。

1957 年，黄望青创建"集诚有限公司"，经营船务和土特产进出口业务，发展迅速。1965 年当选为"星洲船务公会主席"。1966 年与友人合作在新加坡合资创设亚洲最大的"联合朱古力制造厂"，1973 年在吉隆坡合营全马最大的"速好棕油厂"。由于他具有渊博的经济学知识和娴熟的航运业务能力，在新加坡航运、金融保险、工业、房地产、进出口贸易等领域，均拥有实体或股份，成为知名的实业家。

1959 年，新加坡实行自治，他投身于新加坡的经济发展进程，信誉卓著，担任新加坡经济发展局轻工业咨询委员会主席、中华总商会董事。其间，他出版发行了《工商时报》、《它山之石》，还到大学、财经机构讲授世界经济，为新加坡制定对外贸易政策，出巨资赞助文化、艺术、教育事业，声望颇隆。

1973～1980 年，新加坡政府委派他出任驻日本全权大使，兼任驻韩国大使，促成田中首相访问新加坡，对促进新加坡与日本的经济往来有很大贡献，因此得到总统特颁的"高级勋绩奖章"。1980 年应李光耀之邀，出任新加坡广播局主席，他对广播局进行了重大改革，《雾锁南洋》就是他实施改革后出版的作品。他以"新加坡写作人协会"名誉会长的名义，设立"亚细安剧本小说创作奖"，广征反映东南亚现实的作品。他还出版了一本《樱都杂忆》，介绍在日本的见闻，叙说自己对日本军国主义的看法，文笔犀利，逻辑严密。

1984 年，72 岁的黄望青退休后，七次回祖国访问，足迹遍及大江南北，到北京、云南、四川、重庆、广西、武汉、河北、上海、江苏、浙江、福建等省市讲学，介绍世界特别是日本、新加坡经济发展的经验与教训，受聘为厦门大学、福州大学、西南师大、河北财经学院的客座教授，成为从鼓浪屿走出去的有杰出成就的经济学家。2003 年 6 月，他在香港逝世，享年 91 岁。

莲石山房如今已十分老旧，三合院内建有不相称的临时搭盖，石埕上筑有围墙，中间为门兜，顶库上嵌入原来的"莲石山房"石匾。墙内的水井依然清澈，装上了抽水设备，当年的洗衣石盆则弃置墙角。整座古厝，只有主厝、榉头的短墙和砖埕还是当年的原貌。1984 年 10 月，黄望青偕夫人回到阔别了半个多世纪的故居。当他看到了这个 50 年不见的出生地时，情感难平，写下《回到娘家鼓浪屿》一文。文中他深情地写道："赶到我在那儿出生的莲石山房，庭前那座石和池塘还在，但你显得苍老破旧了！当时的青春少女如今竟成老太婆了！"真可谓感慨万千。当他看到油条摊正在炸的油条时，抢上一步，抓起一根就往嘴里送，宛如小孩一样。他又写道："回忆在故乡的 22 年间，我曾经热爱过这小东西，而 50 年后的今天，它却是我走遍世界也尝不到的珍品啊！"

莲石山房虽然简朴，但环境颇佳，砖埕前原有一泓水池，1984 年黄望青回来时还看到它，但不知什么时候被填平了。居住于此，出门抬眼就能看到日光岩。山房四周是曲折的小巷，多幢小洋楼分列两旁，也已老旧，墙面斑驳，雕塑里长满了野花杂草，隐约透出当年小巷的繁华和中西建筑融合的风采。如今穿行于这静谧清爽的小巷里，还能深深地呼吸到鼓浪屿特有的中西交融的小巷文化。

西欧小筑

鼓浪屿安海路上，在树木扶疏中，掩映着一幢粉墙柳条、古朴苍老的西欧小筑，现编安海路 34 号。

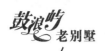

小筑约建于 1897 年，原为创建英华书院的"三公会"（美国归正教会、英国伦敦公会、长老会）人员的公寓，由书院"舍监"郑柏年管理。郑柏年为书院的主要筹建人，是书院首任舍监，后任英华中学校长。1909 年，龙海港尾卓岐村人王子恒向郑购得此屋，作为住宅至今。

王子恒，原为卓岐村的渡工，以摆渡为业，无甚文化。早年去越南打工，稍有积蓄后转做大米生意。进而设厂碾米出售，生意兴隆发了财，于 1909 年前携资回乡，在卓岐村盖了一幢全村最大最漂亮的房子，并为邻村修桥铺路，广办善举，不料却引得当地恶势力的嫉恨和排挤。于是，王子恒携款来到鼓浪屿，向郑柏年购得此楼，并紧贴后廊加盖了三间住房，安置家小。

西欧小筑

小筑为西欧风格的两层洋楼，前后均有拱券宽廊，廊连着客厅和卧室。三间厅室均为 20 平方米，室内均有壁炉，天花板正中有一个挂煤油灯的莲花座，甚为精美。室内铺杉木地板，门窗均装百叶，廊间用花岗岩做压条，压条下为琉璃瓶件装饰，古朴

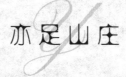

典雅。外墙刷有红粉，间以白色线条，红白分明，和谐别致，自然流畅。室内光线充足，空气清新，是一座十分适合居住的小楼。当年站在二楼廊内，可以看到大海，如今已被楼群遮住视线，观海已无缘了。

小筑最有特色的是它的前廊门窗和天花板，全部使用柳条木斜格装饰，以挡避风雨和炎阳，且可通风，创造出室内凉爽的环境。这些柳条木虽经百年风雨，至今仍完好，不失当年风韵，轻盈俊俏依旧。这种装饰风格的洋楼，且保存得如此完整，在鼓浪屿是唯一的，可能也是当今中国唯一的，十分难得；据说在西欧本土也已不复见。正由于此，凡是游鼓浪屿的客人，特别是懂行的外国游人，经过此楼时，无不驻足细观，入院要求留影。

小筑院内有一水井，水质甘冽，在无水缺水的时候，发挥了重要作用，至今仍在使用。

从王子恒入鼓浪屿定居至今，王家已历五代，子孙已逾百人，皆在国内以及其他一些国家和地区从事科教事业。小筑现仍居住着王子恒的后人，当我访问斯楼时，主人十分热情尚礼，颇有点书香门第的风采。但目睹室内的陈设和已磨得高低不平的地板，既让我窥见斯楼的历史年轮，又令我感到人间的沧桑。

亦足山庄

鼓浪屿笔架山东侧，有一幢颇有个性的欧式别墅，模样俊俏，雄伟挺拔。其庭园颇有西欧园林的气韵，主人在园内巨石上镌"亦足山庄"四字，寓意有了此别墅就知足了。别墅现编笔山路9号。

亦足山庄

别墅是越南华侨、入了法国籍的同安人许俩在 20 世纪 20 年代所建，与会审公堂、厦大校长林文庆别墅为邻。厦门道尹陈培焜特为别墅题写了"紫气东来"的楣匾，主人将它镌在门楼的内楣上，"文革"中被封抹，现已恢复原样。

别墅有一个高大的欧式门楼，这在鼓浪屿不是数一也是数二的，由许多大小盾形浮雕、繁枝花卉、希腊柱式组合成门楼的精美雕塑，颇为不俗，一派欧陆风采。

从门楼进入主楼，有一个雕塑照壁，连着一串雕琢过的石阶作为过渡。石阶两旁密植花坛石凳，短墙上均有缠枝浮雕，整齐而别致，新颖而气派，是这幢别墅最显著的特色。别墅的四根通天大圆柱正面支撑，与突起的双拱窗套、凹槽的四角墙柱、流畅舒展的线条、颇有特色的女墙，以及古希腊柱式装饰，形成很强的立体感，组成了富有韵律的外形。站在二楼走廊举目眺望，山下楼群均在脚下。

别墅右侧有一小巧玲珑的中国传统庭园，按地势落差，筑有蜿蜒曲折的小径，径端有一歇山式重檐翘角、春草飞卷的八角凉亭，这是供主人休闲观景用的。园内有一口深井，井上有井房，井旁有盥洗池，取水设备一应俱全。最为少见的是井圈用两块花岗岩凿成，牢固而精美。

斯楼建成后，主人没住多久就因故离去，委托亲戚刘家管理，但仍为主人的三个儿子所有。历经 70 多年的风风雨雨，别墅失修，墙上、屋顶长出了"飞来榕"。榕根的伸展，严重破坏了墙面和屋顶，右后角的屋顶已被榕根掀翻，榕根在房间里长得颇茁壮，整座楼却是一副破落景象。2003 年，鼓浪屿区历史风貌建筑办公室出巨资，对它按文物法"修旧如旧"的原则进行了彻底修缮；如今它已恢复原貌，由加拿大现代服装有限公司租用。

弘一法师与了闲别墅

　　鼓浪屿英雄山北麓，在鼓声路旁的巨石上，镌有"了闲"二字，巨石脚下有一近代建筑，其正厅拉栅铁门的钢花楣上，嵌有"了闲别墅"四字，中间还有一个香炉模型。钢花已锈蚀斑斑，拉栅门也歪歪斜斜，颇有一点神秘色彩。

了闲别墅

　　了闲别墅始建于 1928 年冬季，次年夏落成，由厦门海关监督王君秀、厦门市政公署会办周醒南和卢季纯、林寄凡、吴友山等五人集资营建，周醒南设计，作为道教的"了闲坛"。楼前有一小亭名"可亭"，亭柱的尾字联为"听钟声歇事便了，看花影移心更闲"，据说是由"扶乩"写出的"忏语"。亭内塑一道人，供人朝奉。一、二楼中厅设有道坛，供奉"娄大真人"，有人常在坛前"扶乩"，乞求冥灵显圣。别墅后面有一小楼，供奉观音菩萨，信徒亦众。于是，这里成了佛道混杂的场所，颇为热闹。

1936 年 8 月，弘一法师经历了一场内热、臂疮、足疗并发的凶险后，到日光岩寺闭关休养，校点《东瀛四分律行事钞资持记通释》。此后，他常到日光岩寺讲经。1938 年 3 月 22 日，弘一法师由严笑堂被迎至了闲别墅讲经弘法，听者甚众。此时，日寇舰队进逼厦门，形势紧张。传贯法师手捧红菊花进谒，劝弘一法师暂避。弘一法师接过菊花，借菊抒怀，诗云："亭亭菊一枝，高枝蟲劲节。云何色殷红？殉教应流血！"面对强虏入侵，弘一不为所动，决心以身殉教，表明了他对侵略者的鲜明态度。这与他 1937 年为厦门第一届运动会创作会歌，鼓舞体育健儿奋起抗日救亡是相一致的。会歌歌词曰："禾山苍苍，鹭水荡荡，国旗遍飘扬。健儿身手，各显所长，大家图自强。你看那外来敌多狡猾，请大家想想，切莫再彷徨！"

也许正是由于了闲别墅佛道混杂，1947 年，中共闽浙赣边区城市工作部厦门市委利用它作为掩护，在此建立了秘密活动据点，并召集共产党员在此学习毛泽东的《目前形势和我们的任务》等文件，为迎接解放作准备。

了闲别墅现编鼓声路 1 号，系一座以中国近代建筑为主又具有某些西洋建筑风格的庵堂格局的别墅，两厢夹一厅，没有地下隔潮层，窗户装有百叶，花砖地板，普通装饰，设计也极平常，楼梯紧挨左外墙，显得不够协调。与众不同的是楼的正门用高大的铁拉栅封闭，女墙使用琉璃花窗，给别墅蒙上一层严肃的气氛。楼的前方视野宽广，在二楼可遥望海天。花园范围甚广，种有龙眼、芒果、枇杷、柿子、柑橘、黄皮果、番荔枝、人心果等，以前在平台上可随手摘取。如今，可亭已不存，别墅后面的小楼也被山洪冲垮，改建成副楼，作为居室。

新中国成立后，了闲别墅的佛道活动停止了。1958 年前由黄省堂主持，1958 年由高炮部队接管。"文革"后，改由房管部门管理，现有住户三家。园内果树虽疏于修理却果实累累，花木郁郁葱葱。

宫 保 第

内厝澳东北侧的花园里，有两幢欧式别墅，十分古老，均建于 19 世纪 80 年代，可算是鼓浪屿颇有资格的老别墅了，人称"宫保第"，曾经是台湾林祖密将军的府第。他曾在这里建立中华革命党福建的领导机关，谋划反对袁世凯窃国，反对陈炯明叛变，建立闽南军，支援孙中山先生的民主革命。宫保第真可谓叱咤风云，历史深厚，现为市级文物保护单位。

林祖密，名资铿，字季商，祖籍福建平和五寨莆村。其祖上于清乾隆十九年（1754）移居台湾彰化，后迁台中雾峰，称"雾峰林家"。祖父林文察，官至福建陆路提督，钦赐太子少保。父林朝栋，以抗击侵台法军、开拓台湾有功，钦加二品顶戴，赐穿黄马褂，统领全台营务。母杨萍，也以率六千乡丁智勇助夫击破入侵大屯山区法军之围而受封一品夫人。1878 年，林祖密出生在这军功显赫的将门之家。

1895 年，清政府签下丧权辱国的《马关条约》，把台湾割让给日本。时林朝栋率部守台中，条约签订后，因抗日无望，遂举家内渡，在鼓浪屿修建欧式别墅宫保第。光绪三十年（1904），林朝栋去世。朝栋生前有"只知有国，不知有家"之誉，祖密发扬其父之精神，于 1913 年毅然置台湾的家产于不顾，到日本

宫保第

驻厦门领事馆注销日本国籍，成为辛亥革命以后第一个恢复中国国籍的台湾同胞。为此，日本政府没收其在台山林两万多亩，又廉价收购其水田两千多亩。其在台的制樟脑及制糖作坊、糖铺等五百多处产业也因而废弃。这样，其所遗财产，不及原先的十分之一，然终无悔意。

1914 年，孙中山创建"中华革命党"，领导反对袁世凯的斗争。1915 年林祖密参加中华革命党，积极反对袁世凯称帝窃国。当时全国各地也掀起讨伐窃国大盗袁世凯的运动，云南等省宣布独立，组织"护国军"。1916 年 1 月，中华革命党福建支部在鼓浪屿宫保第举行秘密军事会议，决定发动"厦门起义"，但由于泄密而流产。事后，林祖密多次在宫保第寓所召集漳泉的同志聚会，并捐助数十万银元。1917 年夏，孙中山任命他为"大元帅府参军"；1918 年 1 月又任命他为陆军少将、闽南军司令，负责闽南的军事指挥，他率部收复了莆田、仙游、永安、大田等 7县。为提高"闽南军"的素质，他集资招收进步青年，在漳州

创办"随营陆军学校"，一时间，发展学员 800 多人，比黄埔军校还早 5 年，因而引起粤军司令陈炯明的嫉恨。陈炯明进军福建后，闽南军即隶属陈指挥。陈为清除忠于孙中山先生的将领，诬蔑闽南军为土匪，下令撤销随营陆军学校，并包围华安的闽南军司令部，强行缴械，这就是史称的"闽南军事件"。1918 年 4 月 2 日，祖密又不幸被北洋军阀李厚基部逮捕，拘于鼓浪屿工部局；后由于领事团及工部局以"政治犯"不引渡为通例，遂得脱险。后又任粤军第二预备队司令、汕头警备司令等。孙中山率军入桂后，调林为大本营参议。北伐军进入福州后，林森任省长，祖密被委任为福建省水利局局长。

祖密一直想以实业救国，辞官后成立垦牧公司、林场，开采煤矿等；还组建华封疏河公司，疏浚九龙江。1925 年 8 月 20 日，军阀李厚基的旧部师长张毅将他逮捕，勒索巨款，他分文不给，结果被张毅枪杀于华安和尚山，年仅 48 岁。

林祖密将军系国民党元老，追随孙中山先生多年，对国家、对地方多有贡献，国民党中央党部特颁"忠烈永式"匾，以资褒扬。文曰"祖密同志，生台中富室，且爱国丹忱，民初参加革命，统领义军，转战闽粤。致力水利，以济民生。军阀肆虐，不幸遇害。追怀义烈，殊堪悼念。特发匾额，以资旌扬"，肯定和褒奖他的功勋。

如今的宫保第，两幢别墅依旧，但十分苍老残破，墙面剥落，线脚断残，地面墙根，苔痕漫漶，成为危房，已寻访不到当年林将军为革命而壮怀激烈的英姿，为祖国而贡献一生的豪情，但却记录下林将军在此追随孙中山先生革命、在此谋划起事的历史，这是永远不会泯灭的。

秋 瑾 故 居

　　秋瑾，别号鉴湖女侠，浙江山阴（今绍兴）人，1907 年因领导武装反抗清政府失败而被捕，英勇就义，年仅 30 岁，是中国民主革命的先驱者之一。

　　清光绪三年（1877），秋瑾出生在厦门。翌年 8 月，其祖父秋嘉禾调任云霄县同知，2 岁的秋瑾随祖父赴云霄，一年后又回到厦门，住在鼓浪屿泉州路今 73 号。光绪十三年（1887）4 月，嘉禾赴任南平知县，翌年离任，秋瑾随往。光绪十五年（1889）5 月，嘉禾回任云霄同知，13 岁的秋瑾又随往。第二年 8 月，嘉禾卸任，秋瑾随全家又返回厦门。光绪十六年（1890）至次年，嘉禾任厦门同知（见《厦门市志》手抄本），秩满后全家返浙。这时，台湾巡抚邵友濂聘请秋瑾之父秋寿南赴台任巡抚文案，寿南欣然应聘，带着 15 岁的秋瑾赴任。1894 年中日甲午战争后，清政府调秋寿南到湖南桂阳任知府，秋瑾随父赴湘。从此，她离开了闽南和台湾。算起来，秋瑾在闽南和台湾的 18 年中，居住在厦门、鼓浪屿的就有 10～11 年，厦门可以说是她的第二故乡。文学家郑逸梅在他的《艺林散叶》

秋瑾故居

一书中对此有所记述。鼓浪屿叶更新老人生前也曾说过秋瑾曾住过泉州路 73 号。

泉州路 73 号，系三层红砖西式公寓楼，拱券宽廊，三楼使用花岗岩压条，琉璃瓶件装饰，但地板仅用红砖。整座楼气宇轩昂，颇有气派，在当时算是相当豪华的洋楼了。从形式风格上看，该楼是 19 世纪末、20 世纪初的建筑，约有百余年历史，这与秋瑾最后离开厦门至今 100 多年，在时间上基本符合。但此楼是同安叶定国、叶金泰父子建置的，建置时间至今可能少于百年，因此，不排除在此楼之前另有楼宇的可能，也许秋瑾住过的是此楼之前的楼宇。

据叶定国的小儿子书伟回忆，他母亲曾告诉过他，这幢房子是向别人买来的，一、二楼出租，三楼自住。秋瑾曾住过这房子；这幢房子前边应该还有小房子，秋瑾住的可能是小房子。叶书伟，新中国成立后参了军，后转业到湖北第二汽车厂工作，退休后定居同安。

新中国成立后，此楼曾暂时供区政府和派出所使用；区政府搬到原工部局大楼办公后，此楼改作海关宿舍，现为民居。

如今，楼宇的宽廊已经封堵成居室，拱券也装上了玻璃窗，天花板年久失修，油漆剥落，显得老旧，但外表气韵尚存，不失当年风采。

林巧稚故居

林巧稚，我国著名的妇产科专家，鼓浪屿的伟大女儿，她一生亲自接生了 5 万多个婴儿来到这个世界，被誉为"万婴之母"。

林巧稚故居

她又是我国现代妇产科医学的奠基人。

　　林巧稚是清朝咸丰、同治年间台湾总兵林向荣的嫡传后裔。据《同安县志》载，林向荣在道光、咸丰年间因屡次缉剿海匪有功，从士兵擢升为闽安副将、广东碣石镇总兵。咸丰八年（1858）九月调任台湾总兵。同治元年（1862）三月至闰八月，在与海匪长达 7 个月的攻守搏战中，不幸英勇战死。

　　林巧稚 1901 年 12 月出生在鼓浪屿一教师家庭，6 岁接受启蒙教育，12 岁时就读于海滨女子师范学校，时称"上女学"（高等女学）。1919 年毕业后留校当了两年的"小教员"。在她毕业前的一次手工课上，英国女教师指着她灵巧的双手说："当个大夫挺合适。"这句很普通的话，促使她后来选择了从医的道路。她父亲也嘱咐她"不为良相，当为良医"，从此，她立志献身医学。

　　1921 年，由美国教会办的北京协和医科大学在上海招生，林巧稚为实现自己的理想，与一女友同赴应试。可当考试即将结束时，女友突然晕倒在考场，林巧稚不顾自己未答完考卷，毅然

前去照看女友。她这舍己助人的行动深深打动了主考官，同时由于她的英语娴熟而准确，她被破格录取，从而走进了我国的医学殿堂。

1929 年，林巧稚经过 8 年苦读，终于闯过了淘汰率近 40% 的竞争，以十分优异的成绩在协和毕业，获博士学位，并获得一年一度仅一个名额的优秀毕业生最高荣誉奖"文海奖学金"，当即被留在协和工作，成为协和的第一位中国女医生，开始了她一生为之奋斗的崇高事业。

林巧稚出生的房子叫"小八卦楼"或"八角楼"，乃因其二楼屋顶呈八边形而得名，现编晃岩路 47 号。小八卦楼是一幢欧式民居，砖木结构，有地下隔潮层，四面通廊，廊下装饰琉璃花瓶，檐线、腰线均匀整齐，拱券大小相间，颇有艺术韵致。二楼最有特色，单独设一尖形拱门，门楣上塑飞翔白鸽，周围塑缠枝花卉，是一幢颇有法国气韵的楼宇，原为祖业，1924 年她父亲林良英去世后此楼转卖给他人。从此，林巧稚在协和的全部费用由其大哥林振明负担，直至毕业。林振明当时经营鼓浪屿"东方汽水厂"，是该厂的股东，1949 年携部分家小去了台湾，20 世纪 70 年代去世。

林巧稚十分重视家庭伦理，尊长爱幼，对后母生的弟妹同样关心。她 1929 年协和毕业留院工作后，即连续担负起大哥的四个子女在燕京大学的全部费用作为回报。新中国成立后，她将福建故乡的亲属专门设立一本通讯录，按月寄钱，有时自己太忙，就委托他人按通讯录汇款，直至她去世。

林巧稚为人随和，在北京与侄女住在一起。她还喜欢唱歌，每逢假日，同学朋友常到她家中弹奏歌唱。她的英语水平一向出众，英文演讲水平很高，工余回家，每晚都要阅读英文原版小说至凌晨一两点。

新中国成立后，小八卦楼由房管部门代管，二楼曾做过托儿所。此后搬入住户 5 家，如今人口增长，回廊均封堵成居室，隔潮层里也住了人，楼前的小花园里还搭盖了好几间厨房、居室、会客厅等小屋，显得十分拥挤。据住户说，房屋年久失修，已成危房。我数次往访，怎么也寻不到林大夫当年居住时的繁华。

林巧稚 1961 年曾回鼓浪屿小住半月，看望乡亲。这是她留在北京协和工作以后唯一一次回故乡。1983 年 4 月 22 日，林巧稚病逝于北京，享年 83 岁。1984 年，她的纪念园"毓园"落成。每年清明节，她在北京、三明、厦门的亲属，均前来祭扫，以表慰念。

近年，小八卦楼进行了全面整修，拆除了所有搭盖，恢复了原来的面貌，并作为"厦门文学馆"，由著名诗人舒婷出任馆长。小八卦楼从此又开始了新的旅程。

林语堂与廖宅

在鼓浪屿音乐厅后侧的古榕、龙眼、白玉兰树林中，有两幢英式住宅，人称"廖宅"，十分苍老，又十分古朴，现编漳州路 44 号、48 号，其中 44 号楼就是我国著名文学家林语堂的故居和读书处，他夫人廖翠凤的娘家。

廖宅是鼓浪屿最古老的别墅之一，两楼原有一座天桥相通，现已拆除。别墅拱券坡顶，连拱宽廊，附有隔潮层，立面处理十分洗练，檐线平直无华，墙柱也无装饰，仅以拱券夹持方柱，掩映在林木中甚显苍劲。比较特别的是正门拱券高大，石阶修长平宽，直达厅室，这是鼓浪屿早期的欧式建筑，如今保存完好的已为数不多。廖宅经百年风雨，时代更迭，也已十分破旧。44 号楼在"文革"后拆去了二楼，宽廊封堵成居室，甚至在隔潮层

林语堂故居

里也住了人。

　　廖宅右侧的"立人斋"，为两层别墅住宅，拱券宽廊，百叶门窗，也附有隔潮层，檐线也甚简明，方柱柱头只作线条堆叠，且承接拱券支撑，朴素大方，典雅美观，这是鼓浪屿早期欧式建筑的通常手法，现存也不多了。一楼宽廊压条下使用红土陶质瓶件，二楼却使用琉璃镂空花格装饰，这在当年算是时髦的。正门门楣上的"立人斋"匾额，还是廖宅的原物，年代虽久远，但至今完好。

　　林语堂，1895 年出生于龙溪一个牧师家庭。10 岁时到鼓浪屿美国归正教办的养元小学读书，后升入寻源书院。1912 年考入上海圣约翰大学，1916 毕业后，校方举荐他到清华大学教英语。1919 年公费赴美国哈佛大学留学，攻读比较文学。出国之前，遵父母之命与钱庄老板的千金、上海圣玛丽学院的高才生廖翠凤结婚，婚礼就在协和礼拜堂和 44 号楼的正厅举行。那时的正厅十分豪华，有插着许多蜡烛的挂灯，厅内的屏风全是镂空雕花的，四周还摆满酸枝木家具，一家人常在此举行家庭礼拜。婚后，林语堂携妻一同赴美国深造，从此走上了文学道路。如今，廖家的老人还记得当年林语堂走下石阶去码头时的情景。

林语堂在哈佛获得硕士学位后，旋即到德国莱比锡大学攻读博士学位。1923 年回国后，到北大任教，同时为《语丝》等报刊撰稿。1926 年出任厦门大学文学系主任兼国学院总秘书。在厦大期间，他看到鲁迅一个人"经常自己生火做饭果腹，开罐头在火酒炉上以火腿煮水度日，深感过意不去，有失地主之谊，而鲁迅对我（指林语堂，作者按）绝无怨言，是鲁迅之知我也"。于是，他就请鲁迅到他的鼓浪屿家中吃饭，有时饭后还带鲁迅到林巧稚家听她侄女弹钢琴。1927 年后，他为开明书店编写《英文读本》和《英文文法》，并主编《论语》、《人世间》、《宇宙风》等刊物。1932 年与宋庆龄等发起组织"中国民权保障同盟"。1935 年发表《吾国与吾民》。1938 年旅居欧洲，撰写《京华烟云》、《风声鹤唳》、《朱门》三部曲。1966 年定居台湾。翌年，在香港主编《当代英汉辞典》。1976 年 3 月在香港逝世，享年 81 岁，安葬于台北阳明山家园里。

有报纸发表社论说，林语堂两脚踏东西文化，一心评宇宙文章，可能是近百年来受西方文化熏染极深，而对国际宣扬中国传统文化贡献最大的一位作家与学人。

马约翰故居

鼓浪屿漳州路 58 号，是一幢两层西式洋楼，约建于 19 世纪末，是我国第一个体育教授马约翰的故居。

马约翰，1882 年生于鼓浪屿，3 岁丧母，7 岁丧父，与哥哥

过着孤苦的生活，幸承教会、亲友资助，13 岁才进教会办的
"福民小学"读书。18 岁与哥哥一起被送到上海，入基督教青年
会办的明强中学；4 年后，入圣约翰大学预科班；两年后升入医
学本科班，29 岁毕业。由于从小喜欢爬山游泳，他练就了一副
壮实的体魄，在大学里是足球、游泳、网球、棒球、田径队的主
力。1905 年，上海基督教青年会举办"万国田径运动会"，在 1
英里跑中，他一直落后日本选手 12 码以上，日本选手非常骄矜，
他很是鄙夷，下定决心超过对方，于是奋力冲刺，结果以领先
50 码的优势超过日本选手而夺冠。

马约翰故居

马约翰是医科毕业
的，可他认为治病是治
标，增强体魄才是治本，
于是他选定了体育为终
身事业。1919 年和 1926
年，马约翰两度赴美国
春田体育学院进修，获
体育硕士学位。1920 年
接任清华学堂原为美国
人担任的体育部主任。
他上任后，带领学生们
创造了 20 项全国田径纪
录，大大超过了前任美
国人。1928 年，学堂改
成大学，校长罗家伦认
为体育是哄孩子的事，
不必设教授，免掉了他的教授职务，改成"训练员"，他不以为
意。第二年，清华足球队在华北足球赛上获得冠军后，返校时学
生们抬着他进入校门，开了盛大的欢迎会。罗校长深感体育的
"魔力"，才恢复了他的教授职务。

1948年新中国成立前夕，有人劝他离开北京。他直言道，"世界上无论哪个党、哪个社会都得办体育"，表示不走，从而使许多人也安心地留在清华。新中国一成立，他就满怀激情地投入了新中国的体育事业，在清华前后52年，直到1966年去世，享年84岁。

马约翰于1936年担任柏林奥运会中国田径队总教练，1953年担任国家体委委员，1956年还任全国运动会总裁判长；著有《体育的迁移价值》、《我的体育经历14年》等。毛主席说他是"新中国最健康的人"。"文革"后，清华大学设立了"马约翰体育奖励基金"，并铸了两尊半身铜像，一尊树在清华，一尊陈列在鼓浪屿人民体育场前，供游人瞻仰。

马约翰的儿子马启伟教授，原任北京体院院长，是位排球专家；女婿牟作云，前篮球国手，曾参加1936年的柏林奥运会，长期担任中国篮协主席。可惜，现在厦门已没有马约翰教授的亲人，他的故居已十分老旧，楼板、门窗也已塌损，墙角上长出了寄生树，颇有点先人已逝、人去楼空的苍凉，唯窗玻璃还是当年的蓝色压花玻璃，透过它还能隐隐看到当年的气韵。

如今，马约翰教授故居的产权已经转移。新的主人对别墅作了整体维修，所幸别墅的形体没有改变，只不过新贴的瓷砖使别墅面目一新，在楼群和龙眼树的包围中，宛如新别墅一般。

林鹤年与怡园

林鹤年，字氅云，祖籍安溪，著名爱国诗人，晚清福建八大诗人之一。他1846年生于广东，长在仕宦之家，自幼礼仪教养

甚佳。他颇为崇拜郑成功和林则徐。光绪九年（1883），应试礼部，取誊录第一，任国史馆誊录官。1892年，调台湾承办茶厘及船捐，后又委以建设台湾铁路的重任，政绩卓著，颇有建树，被清廷奖以"知府任用"，后又提升为"道台，加按察使衔"。他善诗文，在台任职期间，常与台湾抚垦兼团防大臣林时甫（维源）、巡抚唐景松、总兵刘永福等过从唱和。

中日甲午战争后，清廷把台湾割让给日本，并谕驻台官兵撤回大陆。林鹤年不敢"逆旨"，于1895年与林时甫一起内渡，定居鼓浪屿。他在鹿耳礁择地建怡园和小桃源，"怡"者，心不忘台湾之意也，现编福建路24号。

怡 园

怡园为两层民居建筑，吸收部分西洋风格，清水红砖，圆拱方柱，且有闽南民居四房合一厅的格局。前房呈三面突起，可吸收更多的熏风和阳光，同时建有地下隔潮层。整座楼宇结构、线条均简洁明快，实用性颇强，适于安居。这种结构的楼宇，在鼓浪屿的民居建筑中被广泛采用，至今尚有不少保存完好。

怡园的周围均为旷地，林鹤年将它建成自家花园，常邀友人来此唱和。1896年，他得到好友、书法家吕世谊手书的"小桃源"石刻，兴奋之余，在其卧室前花园入口处修一短墙，将石刻嵌了进去，并在石刻尾部加镌"避氛内渡，筑园得吕不翁书小桃源石刻，人以为忓，爰嵌诸壁。光绪丙申夏，林鹤年跋"。

清廷把台湾割让给日本后，台湾人民和官兵拒绝割台，刘永福等率领"黑旗军"开展抗日斗争，林鹤年曾给予支持。但由于外援断绝，"黑旗军"坚持了四个月后终于失败，退回大陆。林鹤年闻讯后，赋诗8首，专程到东石郑成功庙哭诉。1897年4月7日，他又登日光岩，东望台湾而泣。赋诗曰："海上燕云涕泪多，擎天无力奈天何！仓皇赤壁谁诸葛，还我珠崖望伏波。祖逖临江空击楫，鲁阳挥日竟沉戈。鲲身鹿耳屠龙会，匹马中原志未磨。"

林鹤年事父母至孝，他生后失乳，由伯母喂大；及长，事伯母如亲母，终生不衰。他定居鼓浪屿后，迎伯母养老。曾到安溪"崇文书院"主讲多年，后与其子准备在厦门筹办轮船、矿务，奔走劳顿。可惜天不假年，于1901年7月16日逝世，终年55岁。1993年，他的外孙女吴婉婷从加拿大回厦问祖，携回他的诗抄16集1936首，抗日爱国之情，溢满诗行。

怡园现主要仍由其后人居住，保存尚完好，红砖颜色依旧，但小桃源已面目全非，基本上被新建房屋所占用，只有几块太湖石还躺在园内，嵌小桃源的那面短墙已斑驳不堪，红砖也已风化。来到这里，睹物思人，心头不禁袭来阵阵苍凉。

叶清池别墅

　　叶清池别墅在鼓浪屿领馆区内，紧邻天主堂和协和礼拜堂，是一座维多利亚风格的英式别墅，原为二层，现只剩一层和地下隔潮层，建于 1900 年前，编福建路 58 号。

　　叶清池别墅立面上的太阳光束线条简约而有美感，这种光束线条在欧洲和香港的许多英式建筑上均可看到。它的门不开在正面，而是开在转角上，且直对马路；门框上有漂亮的浮雕，颇有巴洛克风韵。1908 年，叶清池曾在此设宴宴请来访的美国东方舰队司令。1918 年，租给日本博爱医院。如今，别墅的第二层虽早已倒塌，没有屋顶，只有平面，但仍有它灵秀的遗韵。

叶清池别墅

叶清池别墅巴洛克门

叶清池，又名叶崇禄，字寿堂，清道光二十六年（1846）生于厦门狮山。因家境贫寒，16岁时便只身赴菲律宾小吕宋谋生。不久转到怡朗当小伙计，稍有积蓄后开设了"捷丰"号，经营糖类和杂货，又经数年的苦心经营，发展成实力雄厚的商行，菲律宾西班牙殖民当局任命他为华人"甲必丹"。

随着经营上的发展，叶清池先后在菲律宾各地设立"捷丰"分号，并到国内的厦门、上海、宁波和香港设分行，甚至发展到日本的神户；业务也扩展到棉布、铸铁、大米加工、钱庄等领域，涉及范围颇为宽广，形成"捷"记系列，如捷发、捷茂、捷胜、捷裕、捷隆、捷昌等等。1897年，他将生意交给弟弟清潭，自己则携眷回到厦门。

叶清池返回厦门后，热心家乡的教育事业，曾捐建同文书院教学大楼，并出任该校校董达20年；还捐助厦门女子职业学校、华侨女子中学、群惠小学的日常经费；主持慈善机关同善堂，举办育婴、义仓等善举，救恤贫病；另曾捐建创设厦门罪犯习艺所，挽救罪犯。

1911年爆发辛亥革命，厦门光复。厦门成立参事会，叶清池被选为参事，协助筹款，维持地方治安。1912年，被选为厦门商会会长。

叶清池晚年"不问商事"，在"距家数百武辟园"，简名"颐园"，颐养天年，号"颐园老人"。1927年，叶清池在厦门病逝，享年81岁。

林文庆别墅

鼓浪屿笔架山顶，有一幢依地形高低而建的别墅，这就是厦门大学第一任校长林文庆的山顶寓所，约建于 1915 年前后，现编笔山路 5 号。

林文庆别墅

别墅环境幽雅，造型别致，基础全由花岗岩条石砌成，虽在山顶，仍设地下隔潮层，必须步长长的蹬道才能入室，颇有乡间别墅的格调。主房向阳，房外却是前厅的屋顶平台，甚是宽广，可以观景、散步、纳凉、会客、养花，还可以远眺厦门虎头山、鸿山的美景。花园里有一块"笔架石"，上筑平台，林校长夫妇常登临观景。

别墅的厅室甚多，室内拼木地板，颇显温馨宁静。尤以右侧的宽廊别有趣味，廊设计得特别宽敞却附于主楼，作为邀朋叙谈、宴饮赏景的独立场所，这种设计在鼓浪屿建筑中是独一无二的，可惜的是有部分现已改成居室。中厅也很别致，不设宽敞堂面，步完石阶，穿过中厅就可直入内室。别墅的设计是从实际出发的，除依地形落差建筑外，外墙立面变化甚多，参差交替，窗形、窗棂也各显风采，女墙也颇具气度，增加了别墅的美感。

林文庆，海澄人，清同治八年（1869）出生于新加坡，幼年父母双亡，由祖父抚养成人。他 18 岁就获得英女皇奖学金，是获该项奖学金的第一位中国人。毕业后，赴英国爱丁堡大学攻读医学，获内科学士和外科硕士学位，受聘于剑桥大学研究病理学。1892 年获医科硕士学位后，在新加坡悬壶行医 28 年，开设了第一家中国人办的九思堂西药房。1904 年参与创办英皇爱德华七世医学院，被授予荣誉院士衔。曾代表中国出席伦敦"世界人种代表大会"。1905 年，他的第一位妻子、黄乃裳之女黄端琼去世。他的好友殷雪村医生和在厦门的弟弟殷雪圃将小妹碧霞介绍给他。1908 年，他与这位比她小 15 岁的常州姑娘结婚，他们的六个子女都出生和成长在鼓浪屿。他 1906 年加入同盟会，带头剪掉辫子，反对妇女缠足，反对吸食鸦片。1912 年任大总统孙中山的机要秘书兼医官，翌年任南京临时政府卫生部总监，1916 年又出任外交部顾问。

林文庆在马六甲引种橡胶首获成功，被誉为"橡胶之父"。他创办了新加坡"华人商业银行"，又与黄奕住等合资创建了"和丰银行"、"华侨银行"、"华侨保险公司"，为新马华人金融业的先驱，曾任新加坡中华总商会副会长。

林文庆熟谙闽粤方言，又精通英、马、泰、日等多种语言。1921 年应陈嘉庚之邀出任厦门大学校长；1937 年厦大改为国立，他辞职回新加坡定居。1957 年元旦逝世，享年 88 岁。临终，他嘱将遗产的五分之三捐给厦门大学，鼓浪屿这幢寓所当在捐赠之列。

林文庆任厦大校长 16 年，在这幢别墅里撰文著作，编辑英文期刊《民族周刊》，宴饮酬答，接待师生友人，还兼任鼓浪屿医院院长，在这里接诊中外患者，留下了许多值得回忆的往事。他的主要著作有英译《离骚》、《从内部发生的中国危机》、《儒教观点看世界大战》等。

新中国成立后，这所别墅一直作为民居至今。近年，居民已经迁出，但因年久失修，显得十分老旧、残破、脏乱，住进了拾荒者，已不像别墅，几成废宅，丝毫寻不到林校长当年居住时的文雅情致了。最近，厦门大学已决定彻底重修别墅，并将其作为"林文庆纪念堂"，成为鼓浪屿旅游的新景点。

黄奕住与黄家花园

鼓浪屿黄家花园由中楼、南楼、北楼组成，现为鼓浪屿宾馆。花园主人黄奕住，南安金淘人，少时务农，并以剃头为副业。1888 年 20 岁时去南洋谋生，初时仍操剃头旧业，接着贩卖土产杂货，继而从事糖栈生意，获利甚丰，成为印尼四大糖王之一。1919 年携全部积蓄定居鼓浪屿，开始了在厦门广泛的投资。

1921 年，黄奕住在镇邦路创设"日兴银号"，同年又在上海创设"中南银行"，认股 70%，同时又投资于菲律宾的"中兴银行"。其间，他筹办厦鼓自来水公司，收购林尔嘉的"得律风公司"和日商的"川北电话公司"，成立厦门电话公司，还创办了漳州"通敏电话公司"，并投资于上海普益纱厂、益中电磁厂。他是早年厦门公用事业的最大投资人，也是厦门、漳州电话通信业的奠基人。1930 年，黄奕住独资成立"黄聚德堂房地产股份

黄家花园中楼

公司"，建设鼓浪屿"日兴街"，先后在厦门、鼓浪屿建造和购置房屋160多幢，4万多平方米。1928～1931年任厦门总商会总理。他对水陆运输业、文化教育业都很热心。1945年在上海病逝，终年77岁。

黄奕住建造的房屋以"黄家花园"为最，尤以中楼最为骄人。中楼，原为"中德记"，是一幢红砖楼，为英商德记洋行"二写"（副经理）的住宅，先由林尔嘉买下，1918年转卖给黄奕住做住所。当时红砖楼南面为一片旷地，楼北为"明道女学"。黄购买了旷地和女学，即于1921年建成了相对称的南北二楼，安置妻小。1923年将红砖楼拆除，请英德工程师设计豪华别墅，由上海裕泰营造公司承建，1925年落成，是为中楼，黄与夫人王时同住。中楼既有文艺复兴时期西欧建筑的风采，又有18世纪德国贵族的华丽装饰，还有少许中国传统手法，是一座以英德风格为主的混合型建筑。

中楼使用西欧建筑传统的四面宽回廊，廊柱立面都是对称

的，水泥剁斧，凹槽纤细垂直，挑檐水平划分，外形整洁华贵，气度非凡。特别是廊柱间垂挂紫丝绒长幔，廊内可以看清楼外，而楼外却看不清廊内，主人常在此进行宴饮等外事活动。别墅的台阶、廊面、整座楼梯以及二楼的走廊、扶栏，均用意大利白玉大理石砌成，造型典雅，工艺精湛，光可鉴人，据说仅大理石一项就花去20万银元。大厅用楠木做通体护墙、天顶、地板，厚实稳重；饰挂嵌镜、油画，配以紫檀博古架、长供桌，陈列历代古玩。厅右配有壁炉、台球室，二楼的灯饰和布置，达到主人喜爱的中国传统与西洋艺术的和谐统一。槛外的前后平台、钢结栏杆，也完全有别于鼓浪屿的其他别墅。据资料载，南北二楼耗资8~9万银元，而中楼竟高达29万余银元。又据他儿子回忆说，三座楼的建设费用和装修、家具等费用共达100多万银元。

必须特别提到的是，三幢别墅装饰了许多挂镜，镜端均刻有三件理发工具——剃刀、须刷和掏耳筒，示意子孙毋忘先人创业艰辛。中楼的二楼还布置了"家史馆"，作为教育儿孙的拜堂，用心良苦。

中楼的新颖、别致、稳重、华贵，加上花木扶疏的映衬，显得十分秀美，宛如林中仙子，百看不厌。此楼在当时可算福建之冠，号称"中国第一别墅"。20世纪50年代末作为招待所后，接待过不少党和国家领导人，他们无不赞美此楼的环境和设计。

黄萱故居

鼓浪屿升旗山的东北端，古榕密匝的浓阴下，有五幢完全相同的别墅，列旗山路1、3号和漳州路2、6、10号，这是"印尼

黄萱故居

糖王"、爱国华侨黄奕住建成"中德记"花园别墅后，将剩下的材料，按一张图纸建成的五幢别墅，供四个儿子和女儿黄萱居住。

这五幢别墅为西欧风格，均为两层，不设地下隔潮层，不加外廊，为"三塌寿"形体。大门装压花彩色玻璃，正面凹进几级台阶步入屋内的中间步道。平面呈十字划分，一楼前段为客厅、书房，后段为餐厅和厨、厕及楼梯，二楼则为卧室和起居间。整体布局紧凑，合理实用，把面积都巧妙地利用起来，没有累赘部分，十分适宜小家庭的居家生活。其中 10 号别墅紧依鹭江，漫步小花园里，可以居高观赏鹭江潮涨潮落，远眺九龙江水浩浩东去。

别墅立面不尚奢华，不施雕饰，仅以白灰粉刷，简朴而平实。窗均装百页，以滤阳光并调节空气。坡屋顶铺红色改良瓦，地板、楼梯为进口橡木，质地坚硬。室内的英式壁炉，炉口为青铜雕花护门，使用时可以拉出放平，不用时能收起推进；烟道口加装雕花栅栏，炉膛两侧贴五彩瓷砖，显得华贵。整个壁炉宛如

一件艺术品，成为小别墅里最有贵族气度的装饰。

黄萱，是鼓浪屿的才女，是黄奕住与夫人王时所生的女儿，1910年1月6日出生于福建南安金淘，排行第四，聪颖秀慧。黄萱从鼓浪屿海滨女子师范学校毕业后，黄奕住没让她进高等学府深造，而是延请名儒到家里专门为她讲授中国经史、古文和诗词，同时教以英文和钢琴，她因而夯实了深厚的国学功底，又通西洋的文化艺术。

抗战中，黄萱为了支持丈夫周寿恺教授的抗日事业，随往贵州图云关，过着艰苦颠沛的生活。抗战胜利后，于1946年回到漳州路10号别墅。20世纪50年代初，周寿恺出任中山大学医学院院长，全家搬去广州。黄萱受聘为陈寅恪教授的助教达13年，她帮助失明的陈教授完成了《再生缘》、《柳如是别传》、《元白诗笺征稿》三部共100万字的巨著。后来10号别墅被"房改"，住进了客户，恰逢大炼钢铁、破"四旧"运动，华丽的壁炉被拆除。20世纪70年代末，落实政策后，别墅归还黄家。

1980年，经过重大变故的黄萱，回到阔别近30年的10号别墅，杜门谢客，过起了恬淡的生活。她在一楼客厅置一架钢琴，琴上端放着黄奕住、王时的照片，每日弹琴以释放心情。二楼卧室里端端正正放着她在广州常读的《十三经注疏》、《明经世文编》、《四部备要》、《佩文韵府》、《二十四史》、《全唐书》、《明鉴》、《留都见闻录》、《清代闺阁诗人微略》、《浪迹丛谈》、《增补氏族笺释》、《陈香阁遗录》、《南吴旧语录》、《六臣诗文选》等几百部线装书，按经、史、子、集四部类有序排放，随手可取。一般人已读不懂甚至连看都没看过的这些古籍，任意抽出一册，赫然可见黄萱点句留下的笔迹，让人不得不折服于这位大家闺秀的国学水平。

这位鼓浪屿的才女晚年在这里住了20年，于2001年5月8日在广州辞世，走完了她90多载的坎坷人生。鼓浪屿自此失去了一位学识高深的优秀女儿！

如今，10 号别墅由她女儿居住，一切按原样保留作为纪念。希望人们不要去打扰他们的平静，让主人能自在安详地享受生活。

林菽庄与八角楼

林菽庄，原籍龙溪，其祖先于清乾隆年间到台湾以垦殖致富，成为望族。

中日甲午战争后，台湾割让给日本。1895 年，林菽庄随父维源举族内迁，原住龙溪老家，后搬到鼓浪屿。维源先在鹿礁购得两层别墅一幢，时称"大楼"，供自己居住；在其右侧新建一幢西班牙式两层住宅，时称"小楼"，供菽庄等人居住。"小楼"之下又建一座平房供伙房和工人居住；"大楼"左面还建有一座职员楼，并将大楼前后的空地修成精致的小花园。1905 年维源去世，菽庄继承父业。1914 年 12 月，其子刚义在"小楼"做化学试验时引起爆炸，几乎把小楼烧毁。翌年，林菽庄在大、小楼之间建一别墅，名曰"八角楼"，并增设联廊把大、小楼连接成 S 形裙楼，统称"林氏府"，现编鹿礁路 11—19 号。八角楼为 15 号，5 层，砖木结构，据说是由法国人设计的，雍容华贵，宛若舞池中盛装的贵妇人。

"八角楼"因外墙立面呈八边菱形而得名。正门方柱拱券，双旋台阶，门楣、窗楣均塑缠枝蔷薇、飞翔白鸽，颇具巴洛克风韵，古朴严谨。庭前曲径铺以素彩卵石，迂回曲折，有江南庭院的韵味。

林菽庄 1905 年出任厦门保商局总办兼厦门总商会总理，发起建设电话、电灯、自来水等公共事业。清末，因捐献巨款晋升

林氏府八角楼

为侍郎。民国元年（1912），被推为临时参议院候补议员，托病未就。1913年建"菽庄花园"。1915年任福建省行政讨论会会长。李厚基主闽时，要他代表福建各界"劝进"袁世凯当皇帝，他断然拒绝，怒而撕碎电报，抛向大海。曾连任鼓浪屿工部局华人董事 14 年。1920 年起任厦门市政会会长，阅四年，对厦门的城市建设贡献良多，最终积劳成疾。1924 年秋，出国游历治疗，由日转欧，遍及英国、法国、德国、意大利、奥地利、荷兰、瑞典、挪威、丹麦、西班牙、比利时、土耳其等 30 余国，最后养疴瑞士，越七年而归。1937 年"八一三"淞沪抗战时，林菽庄在庐山，本拟假道厦门去上海，因水路受阻，

八角楼侧面

便乘火车直下广州、九龙，去了香港。后来到了上海，住在儿子家中，杜门谢客。1948 年，携四、五、六姨太回台湾，1951 年 11 月因感风寒哮喘突发而逝世，终年 77 岁。

从他离开鼓浪屿起，八角楼一直由三姨太和亲戚居住。1972 年三姨太去世前，他夫人的亲侄龚鼎铭先生"下放"归来搬入居住至今。20 世纪 80 年代初，他的嫡孙维桢（加拿大籍教授）和龚鼎铭对八角楼作了重新装修，如今华彩依旧，幽雅如初。

"大楼"已历 100 多年风云，拱券长廊、百叶门窗、柳条木天花以及那口大井，均历历在目。长廊虽由住户封堵成居室，但容颜依旧。"后花园"已满目荒凉，一地荒草，眉月池早已干涸，紫藤亭已经倾颓；两棵香樟已长成参天大树，飘来的攀枝花也长得高大挺拔，真是烟云过隙，繁华不再。1999 年，14 号台风刮倒了一株大木棉树，倒下时摧折了大楼一角；2006 年，台风过处，又倒下了二楼。现决定拆除，按原样重建。

后花园里的那个小门，是当年二姨太冬曦病危时特地开挖的，因为姨太太死后，灵柩是不能从正门抬出去的。可当小门突击开好后，冬曦却霍然病愈，从此留下了这个小门。如今看到这点滴遗存，仍能感受到主人当年的富足和斯园的鼎盛，亦能领悟到那个时代里主仆关系及夫人姨太关系的森严等级。

悬崖上的汇丰公馆

站在鹭江道，放眼鼓浪屿，除日光岩、八卦楼外，最惹眼的要数那巨大断崖顶上的汇丰银行公馆了。

汇丰银行，全名"香港上海汇丰银行"，始创于1864年，原为英商怡和、仁记等洋行招募华商合办的一家合资银行，后米成为英商全资银行。

悬崖上的汇丰公馆

升旗山麓的汇丰公馆

清同治十二年（1873），汇丰银行首先在厦门开设分行，注册资金 5000 万，比中国自己的"大清银行"和日本的"台湾银行"还要早进入厦门，后两者分别于 1909 年和 1895 年在厦门开设分行。汇丰是英国对华贸易机构，曾取得经理我国赔款年金、收付铁路借款、发行纸币等特权。它发行过一种汇票叫"镑票"，以英镑计算，1000 元面额的镑票兑 733 银元。侨汇也以镑票解付，且携带安全方便，为华侨所欢迎。福建籍的华侨由汇丰汇回的侨汇每年约 1500 万元。

1876 年，汇丰银行在鼓浪屿笔架山东北端的断崖顶上，盖起了一座占地近 400 平方米的英式别墅。该别墅由英国人设计，使用厦门当地的建筑材料，由厦门工匠施工。别墅的基桩打入整块岩石，异常牢固。结构呈丁字形，分平顶和坡顶两部分，和谐相配。三面均有回廊，廊柱为科林斯式，简洁明快；柱身用弧形红砖砌成，栏杆压条下置闽南传统红陶瓶件，内设壁炉，临海崖边还装有铜栏杆以保安全。别墅通透性特别强，光线充足，室内明亮。

别墅的选址，独具匠心。建在悬崖峭壁上，高崖面海，居高临下，飘然欲仙。在岩下仰望，巨大的断岩托起低平的房屋，颇为险峻，让人不免赞叹设计师的大胆和慧眼。设计师为使视角更宽广，将别墅面海的立面设计成多边的 135°钝角，保证主人推窗能见更多的海天，能宽角度地饱览远山远海景色。入夜，"笸笤渔火"尽收眼底。漫步回廊，可将厦鼓山海拥入怀抱；站在东南

面崖边，放眼四顾，天风海涛、苍鹰鸥鹭一齐奔来，颇有傲视鹭江、笑看天下之气概。

据说，汇丰的行长当年就住在这里。新中国成立后，这里一直作为宿舍。如今，这里是造船厂的职工宿舍，职工们将回廊封堵了起来，改作卧室。远远望去，虽有临崖而居的意趣，却没有了幽静通透、傲视云天的气度。

黄仲训与瞰青别墅

在日光岩的摩崖石刻上，有黄仲训的许多题款。一些导游书籍和有关史料记载，说他是"厦门人，清末秀才，越南华侨"。

其实黄仲训又名铁夷，乐邱屏山人氏，即今南安县人，清光绪元年（1875）生。其父黄文华，早年移居越南，因开发"厚芳兰"荒地致富。黄仲训青年时代随父到越南，曾入法国籍。1918年挟资回厦门，创办"黄荣远堂"，经营房地产。他首先在鼓浪屿园仔脚（今日光岩下）建"瞰青别墅"，又在其侧建"厚芳兰馆"，以纪念其父在越南艰辛创业的业绩。同时，将日光岩圈为私人花园，筑长城式围墙，在园内许多巨石上刻诗镌字，风雅一时。因私圈园地招致非议后，他在花园里挂起法国旗，以示自己是法国人，还在《鹭江报》上刊登启事，邀名流"共商大计"云云，引起更大的反感。但他为今天的日光岩留下了许多崖刻精品。

黄仲训除了经营日光岩公园外，还在田尾建西式洋楼十多幢，专供洋人租用，如法国领事馆就曾迁入他建的洋楼。他在鼓浪屿先后建有五六十幢房屋，约1.8万平方米，其中最有代表性的要数"瞰青别墅"和"西林别墅"了。

瞰青别墅,1918年落成,是一幢从二楼看是法国式,其实内部以近代中式为主的建筑。它依岩而筑,呈曲尺形,砖木结构,花岗岩库门库窗,前庭呈八角形,一楼为平檐,二楼圆拱和花叶拱相间,大小配衬,辅以十字钩栏,颇有艺术韵味。走廊宽敞,没有地下隔潮层。坡屋顶上还特地配置了两个水形马鞍脊,十分有趣。别墅建成后,有人提出异议,认为此地不是黄仲训的,并诉诸法律,打了多年官司。因此,黄一直没有住过这幢别墅,而是住在泉州路的旧房里。瞰青别墅楼前种有一大片梅花,开花时节,许多人前来折枝。二楼房间采用中式隔板,隔板上刻的山水人物画,工艺颇为精湛,至今保存完好。

黄仲训经过几番折腾后,颇有感慨,于是在别墅前门的门柱上镌了一副对联:"出没波涛三万里,笑谈古今几千年",表达

瞰青别墅

西林别墅

自己漂泊异乡、傲视群贤的胸怀。他又感到人生苦短，世事苍凉，富贵梦、红绡帐都是"弹指一挥间"，从而发出"此地有人常寄傲，问天假我几多年"的悲凉感叹，并将它刻在别墅右侧的门柱上，以铭其志。

1949 年 1 月，蒋介石派同乡蒋恒德担任鼓浪屿警察分局局长，选定瞰青别墅作为蒋的临时"行辕"，并装修一新。后因局势变化太快，蒋介石只于 7 月 23 日在此逗留半晚，即乘舰离去。1962 年，郭沫若先生曾在此撰写《郑成功》剧本。此楼现为郑成功纪念馆的藏书资料室。

1927 年，黄仲训又以"黄荣远堂"名义在日光岩栖云石之阴修建西林别墅，即今郑成功纪念馆，共 4 层，2100 余平方米，约于 1932 年建成。这是一幢以西洋式为主的别墅，正面中间为宽廊，廊柱饰有粗线条剁斧凹槽，柱头使用爱奥尼克和科林斯复合柱式，颇具大方气度；飞檐下的挑脚和钩栏的纹饰以及当门的楼梯，有中国的传统风格；门窗和百叶则是西欧式样，均用红木制成，十分稳重，是一幢结构比较好的西式别墅。日本占领时期曾用此楼做过"鼠疫医院"。新中国成立前还曾做过国民党军队的伤兵营。新中国成立后，一度作为海疆学术资料馆及驻军的托儿所。1962 年，郑成功收复台湾 300 周年时，别墅经整修后改作"郑成功纪念馆"，至今保存完好，仍是当年模样。

1934 年，黄仲训年届花甲，感悟人生，遂用隶书写下《道德经》，交由上海中华书局出版，文后注明"时年五十有九"。抗战前，他回到越南，不意越南也落入日本帝国主义之手。日本人要他出任伪职，他坚辞不就。日本侵略者恼羞成怒，将其逮捕，他在狱中受尽折磨。抗战胜利后，黄仲训出狱，休养被摧残的身心。1951 年在越南逝世，终年 76 岁。

八 卦 楼

　　八卦楼，位于鼓浪屿笔架山麓，因其红色穹窿顶上有八道棱线，顶窗呈四面八方十六向，并置于八边形的平台上，故称为"八卦楼"。八卦楼是厦门近代建筑的代表。它建于清光绪三十三年（1907），基本完工于 1920 年。其周边范围为 11000 平方米，建筑平面为 1788 平方米，总建筑面积为 4623 平方米，高26.6 米，共 3 层，另有地下隔潮层和一个 10 米高的红顶，是海轮出入港的航标。

八卦楼

八卦楼的原主人是台湾板桥林家三房林鹤寿。1895 年，清政府与日本帝国主义签订了屈辱的《马关条约》，被迫割让台湾和澎湖。林鹤寿随父定居鼓浪屿，在水仙宫开设"建祥钱庄"。他立志要盖一幢站在楼顶能纵览厦门、环视全鼓的大别墅，做鼓浪屿的"基督山伯爵"。

八卦楼夜景

他的这一宏愿被鼓浪屿救世医院（原第二医院）院长、美籍荷兰人郁约翰得知。郁氏原来是学土木工程的，懂得建筑设计，且林鹤寿曾在救世医院建院时捐助过 1000 银元，郁氏即以无偿设计为回报。

当时西方设计师崇尚复古，郁氏在别墅设计中使用巴勒斯坦、古希腊、意大利和中国古典建筑手法，融合成多种艺术相结合的独特的仿古欧式建筑。八卦楼的红色圆顶是直接模仿世界上最古老的伊斯兰建筑巴勒斯坦阿克萨清真寺的石头房圆顶；四周 82 根大圆柱参照的是公元 5 世纪古希腊海拉女神庙的大石柱，人们来到柱前，立刻有高山仰止的感觉；柱间平托的石梁和线条，也可以从希腊雅典广场的赫夫依斯神庙看到；古希腊陶立克和爱奥尼克柱式的柱头装饰和走廊压条下的青斗石花瓶雕件，则充分表现了中西结合的古典美；内部通道呈十字形，四面都能出入，这种风格也源于古希腊，后被罗马教堂采用，郁约翰把它移用于八卦楼，使八卦楼宏伟流畅、自然大方，避免了大建筑的沉闷感。

八卦楼建造的过程中，由于郁氏设计的材料规格与市面上的不符，需要特别加工，因而动工以后问题多多。林鹤寿很快就资金短绌不继，虽曾变卖家产，以钱庄担保，工程仍然时断时续。最后林鹤寿终被大楼拖垮，宣告破产。从此，人去楼空，八卦楼

一片荒凉，成了"池塘生春草，空梁落燕泥"的废宅。又据说大楼施工中摔死过一个工人，冤魂不灭，经常闹鬼，于是八卦楼又成了"鬼屋"。

八卦楼最终没有逃过日本帝国主义的攫取，约于1924年，八卦楼门前挂出了日本"旭瀛书院"的牌子，这对"避氛内渡"的林鹤寿来说，真是"一把辛酸泪"。抗战军兴，日本侨民奉命撤退，八卦楼又成了空楼。厦门沦陷后，市民到鼓浪屿避难，八卦楼曾作为难民收容所。抗战胜利后，国民政府以"敌伪财产"的名义将其没收，后曾作为厦门大学文学院的新生院。

及至厦门解放，八卦楼满目疮痍，楼板、檩条全被人砍去。政府拨款重修，创办了鹭潮美术学校，即现在的福州大学厦门工艺美术学院。1958年，市科委迁入，在这里开办了中医学校、业余科技学校等。20世纪60年代末，电容器厂搬入，后来又作为计算机厂、电子研究所等单位的用房。1983年，厦门市委、市政府将其拨作博物馆，经彻底翻建，砖木地板换成了水磨石。现八卦楼陈列着厦门的许多"国宝"，开创了斯楼有史以来最辉煌的新篇章。

林鹤寿，饱读经史，又工诗词，为人风姿高傲，倜傥儒雅，好交友而无意功名，但颇有经商才能；特别是林本源家族的老主人林维源去世后，家族的许多经济事务都由三房掌管，林鹤寿就成了三房的代表，花钱阔绰。他在鼓浪屿建八卦楼大别墅破产后，1922年3月，偕兄柏寿回到台湾，与普霖等友人在板桥别墅的方鉴斋设"寄鸿吟社"，诗友们拈韵分题，联珠叠唱，仍然过着颇气派的生活。他与台湾文士名流唱和无间，执礼之恭，供张之盛，是当时非寻常贵公子所能铺排的场面。可是，这种酬唱，也为日本当局所不容，因此寄鸿吟社诸君只能远走以避之。

既然在台湾不能诗词酬唱，于是，林鹤寿与友人离开台湾，纵情于大陆山水。先到浙江观赏钱塘潮，又览胜姑苏台，而后涉扬子，走幽燕，出居庸关，吊十三陵；还未尽兴，又到青岛观光，

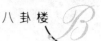

泛舟济南大明湖，取道泰安，登泰山，宿岱顶，一宿而下，乃回到上海。当时，其兄柏寿独自负责《新民报》、工商银行、柏记会社及林氏公业等的管理重任，不克分身，因而林鹤寿只能"淑慎其身，聊以商隐"。但是这种隐逸生活不是他的目的，于是他在上海善钟路116号成立"鹤木公司"，自任董事长，仍然好客，与上海的硕学名流交往甚广，生活尚佳。

我认真查阅了台湾的《林氏家谱》，查不到林鹤寿在最后的年月里都做了些什么。在他的传略中，只简单记述道：卒年不详，不知所终。

附：八卦楼的天

八卦楼，经过13年的施工，因诸多原因未能全部建成。及至新中国成立，那个模仿伊斯兰最古老建筑阿克萨清真寺石头房圆顶的屋顶，仍是几根骨架，耸立天际。1954年，屋顶才由省四建公司修建完工，但它的天花板全用杉木板拼成，中间只装一盏电灯。

1984年国庆节，电容器厂因焚烧垃圾，带火的油纸被上旋的气流吸进天花板而引发火灾，经工人英勇扑救才保住了圆顶。1986年，在翻建八卦楼时，工程师考虑将八卦顶改成水池，可以少建一个水塔，节省费用。后因墙体载力等问题没有如愿，只是将杉木天花板改成砼体，保留中央的一盏灯，十分朴素。

八卦楼的天

砼体浇铸完成后，承建的市三建二队队长谢辉煌找我说，八

卦楼气魄宏大，只一盏电灯置于穹顶，太不协调相称，建议做一个彩色天花，并且自告奋勇，由他亲自制作。

谢辉煌是制作天花的高手，凡是经他制作的天花，决不会脱落，绝对是上乘的质量。于是他绘制了三个图案，最后选中了现在大家看到的这个样子。八卦顶，直径 10 米，顶花离地面约 24 米。站在底层圆心中央仰视天空，廊沿、牛腿层层叠叠，一朵美丽的彩色天花绣在天花板上，外围环以一轮双环，朴素而大方，凝重而得体，洗练而协调，美丽而无华，与大楼匹配得十分合体，可算是锦上添花，增加了大楼的美感和艺术魅力。

八卦楼走过了近百年沧桑后，在改革开放的年代，翻建中塑制了秀美的顶花，这是鼓浪屿别墅中独一无二的。摄影家李开聪先生第一次摄下了这个图案，发表时取名"八卦楼的天"，甚是恰当。

海天堂构

黄秀烺，字犹炳，福建晋江东石人。清咸丰九年（1859）生于晋江深沪，自幼父母双亡，与二兄秉猷共同生活，并一起往来宁波、香港经商。二兄去世后，他转往菲律宾，初在同乡的店中当记账员，因勤勉敦厚，为林姓华侨巨商所器重，提供资金支持他的商贸活动，历 20 多年的艰辛奋斗，终于成为富商。光绪二十五年（1899）回国，定居鼓浪屿，在厦门开"炳记商行"，获利颇丰。因向清廷捐输巨款，御封为"二品中宪大夫"。民国元年（1912），黄秀烺以 25 万银元在家乡东石兴建"古檗山庄"，请康有为、蔡谷仁、陈宝琛、郑孝胥等 100 多位当时全国的名流显宦题词，刻于山庄，并拓印成《古檗山庄题咏集》。在鼓浪屿，他首先在今福建路叶清池别墅之南、西班牙天主堂之西建了一幢二层红砖楼（现编福建路 44 号）。20 世纪 20 年代初，又在红砖楼之南的旷地上与同乡黄念忆合建起了五幢对称的中西合璧的楼群（现编福建路 42 号），在楼群正门的门楼横匾上书"海天堂构"四字，以示楼群规模宏大。有人称之为"大式住宅"，那是从其平面结构来说的；也有人称之为"黄念忆别墅"，那是由于五幢别墅中有两幢是黄念忆的；我则称之为"海天堂构黄氏楼"，那是因为五幢楼都是黄姓人氏的。

海天堂构中楼

这五幢别墅，多种风格并存，主要是欧式，中楼为中西结合。五幢别墅以严格的中轴对称格局建造，中楼的前方和左右两侧分列着四幢别墅，以门楼为总入口。门楼是一派中国传统式样，重檐斗拱、垂柱花篮、飞檐翘角，石库门、双蹲狮，古风盎然。正面横匾"海天堂构"，背面横匾"鹿礁千顷"。前方和两侧的四幢楼宇普遍采用古希腊柱式，窗套装饰大都为西洋风格，

又具巴洛克风韵，但墙面与转角又有中国的绘画、雕塑。

中楼里原是一家外国人的俱乐部，黄秀烺购得后，将其建成一幢仿古大屋顶宫殿式建筑，由莆田工匠建造。它采用重檐歇山顶，四角缠枝高高扬起。楼顶前部别具匠心，设计了一个外表看似重檐钻尖的"亭子"，亭尖还安了一个宝葫芦；从内部看却是个条木拼成的八边形藻井，从二楼直达井顶，井壁上画有中国花鸟画，这"亭子"纯属装饰。特别与众不同的是在主脊下又设计了一个大藻井，井中立一观音像，成了佛堂，还有一班佛姑念经。1958年，这里改为区政府所在地时，观音像和佛姑一起搬到"林氏府"的"大楼"内。中楼的门、窗、廊、厅的楣上均饰挂水泥透雕挂落飞罩，所有檐角均装饰缠枝花卉或展翅雄鹰，挑梁雀替均塑龙凤挂落，把别墅点缀得十分民族化。廊柱为方形，红砖砌成，色调自然和谐。正厅四个垂柱花篮与栏杆上的花盆上下对应，特别是以斗拱装饰走廊外沿，显得格外稳重。真是——是宫非宫胜似宫，亦殿非殿赛过殿；不中不洋不寻常，中西结合更耐看。这在鼓浪屿也是独一无二的。长期居住在鼓浪屿的美国归正教牧师毕腓力，在他著的 In and about Amoy 一书中，形容这种中国屋顶压住西洋主体的建筑，是中国人对外国人的一种发泄。他说："（华侨）在海外遭受欺凌，因而在建造房屋时产生了一种极为奇怪的念头，将中国式屋顶盖在西洋式建筑上，以此来舒畅他们饱受压抑的心情。"这种中西合璧的建筑形式，在陈嘉庚先生建造的许多房屋上都能看到，多年来在国内许多地方独领风骚。

别墅建成后，秀烺住在中楼，靠门楼右手的那幢是他的广东姨太居住的。约于1935年，他将福建路44号那座二层红砖别墅卖给印尼华侨李传别。中楼两侧的别墅是黄念忆所建，右边的那幢由黄念忆居住，左边的那幢由黄念忆的姨太居住。五幢别墅除了中楼外，数黄念忆姨太住的那幢最为豪华。黄念忆，菲律宾华侨，经营木材致富。20世纪80年代在香港去世，享年约80岁。其菲律宾的财产交给长子，香港的财产交给次子，厦门的财产则交给第三子。

　　20 世纪 50 年代后期，海天堂构曾作为鼓浪屿区政府所在地。那时，中楼里有一佛堂和一班佛姑，为了让区政府办公，佛堂和佛姑一齐搬进"林氏府"的"大楼"内。未几，区政府又搬回原"工部局"大楼。后来鹿礁居委会等在中楼办公，地下室、二楼均住满了人，走廊被封堵，部分用铝合金装修，飞鹰缠枝也已锈蚀，但整座建筑仍不失当年的豪华气韵。

　　2003 年起，为了保护鼓浪屿的历史风貌建筑，海天堂构内的住户相继全部迁出。走廊的封堵建筑全部拆除，恢复了原貌；内部也作了重新整修，一幢作为极具品位的酒吧和咖啡馆，一幢装修成精品南音和木偶戏表演馆；中楼则用于展示鼓浪屿的历史文化，涵盖了鼓浪屿的建筑文化、音乐文化、名人名流文化，以及鼓浪屿老别墅的历史和别墅主人的故事；大藻井下的观音像是按照普陀山观音像的模样制作的，极为美观。这里将成为鼓浪屿极具文化内涵的高端精品旅游产品，是鼓浪屿历史风貌建筑保护开发利用的典范。

李传别别墅

　　鼓浪屿福建路上，有一幢十分秀美的三层红砖别墅，它前有海天堂构、黄荣远堂别墅群，后有叶清池别墅，左为天主堂，右为电灯公司院落。它们虽各有围墙相隔，但高大的榕树撑起的浓密绿荫，把周围所有的别墅和道路都庇护在它的长须下，让行人感到分外清静和阴凉，造就了特别舒爽的居住环境。

　　门牌 44 号的别墅通体用密缝红砖和清水红砖砌成，鲜丽的红砖与东邻纯白墙壁的天主堂形成强烈的色差对比，使它鹤立于群楼中如出水的红莲，凡经过它身旁的人们都会流连张望，交口称赞它的环境和质量。

别墅建于何年？谁人所建？一时间还找不到确切的史料。据现住的主人李宝森介绍，这别墅是她爷爷李传别于1935年从别人（可能是黄秀烺）手中买下的，当时只有两层，三层和附楼是李传别请人加盖的。这从砖砌工艺就能区分出来，一、二层是密缝红砖，三层和附楼是清水红砖，至今仍十分清晰可辨。

李传别，字执，安溪龙涓乡赤垵人，清同治十一年（1872）10月出生于龙涓乡。30多岁时到台湾淡水经营茶叶，先摆小摊，出售小包装茶叶；三年后转往印尼椰城，仍从小摊小包装经营茶叶起家；到42岁时已小有积蓄，开设"胜德茶栈"，同时经营原布进口，创办峇泽（印尼花裙）厂，发展甚快，业务拓及苏门

李传别别墅

答腊和马来西亚。1935年到鼓浪屿买房置产，1937年起回家乡创办小学、中学、图书馆等。1961年逝于印尼椰城，享年90岁。

李传别退休后，将家业交给长子金水经营。金水经营有方，从"胜德"发展到"胜泰"、"胜源"、"胜发"等四家商行，业务蒸蒸日上。他步其父李传别的脚印，也回乡创建中学、医院，修桥铺路，造福桑梓，庇荫子孙后代。可惜他于1974年也逝于椰城，终年75岁。其家业由其子宝树经营。

李传别别墅为欧式形体，中式结构，附有地下隔潮层。一、二层为拱券方柱，柱间为花岗岩压条，压条下为青斗石斜十字镂空栏板。方柱不设繁复的柱头装饰，只有石板拱脚，其纤巧的拱心石，简洁的花岗岩线脚、角柱和围墙上的出砖入石均颇有创意，又栽种着开小黄花、结小红果的名叫"珍宝"的常绿藤蔓绕于墙端，形成一条绿色长龙，把别墅配搭点缀得端庄秀丽、人见人爱。

一楼中厅为迎客厅，屏门为二关四扇，上装彩色压花玻璃。屏门前是长供桌和八仙桌，两旁摆放着八张酸枝木嵌大理石的太师椅和四张茶几，中心置一张酸枝木大圆桌，十分气派和温馨。

第三层完全是中式的，二房夹一厅，门窗均为平直型，平顶的挑檐前伸，靠四个撑拱支撑。房前留有宽敞的天台，装饰有琉璃瓶柱女儿墙，基本与一、二层相配。有趣的是回廊设在南、西两面，南面可看升旗山，西面更可远眺日光岩全景，景观环境优越。可惜近年电灯公司的院落里建起了两幢公寓住宅，挡住了从别墅眺望日光岩的视线，使优美的景观消失，让人颇感遗憾！

李传别别墅前面和右前方的小花园内，含笑、龙眼、腊梅、天竺葵、红茶花、凤尾葵和杨桃，都长得郁郁葱葱。杨桃成熟时节，橙黄的杨桃落了一地也没人捡，似乎回到了那个丰足的年代。女主人说，市场上水果很多，任它去吧。

黄荣远堂别墅

　　第一次世界大战前后，南洋华侨侨居地殖民当局时有排华之举。华侨，尤其是富裕的华侨，感到客居异地也非久居乐土，且商况衰退，于是萌发回乡建业的愿望。鼓浪屿，地位特殊，环境幽雅，祥和安全，非常适宜置业居住。于是，华侨们纷纷来此择地建房安家，一时间鼓浪屿掀起了建房高潮，其热度比厦门还高。菲律宾华侨施光从也来到鼓浪屿，于 1920 年在靠近鼓浪屿的"领馆区"、邻近林家"八角楼"的地方，建起一幢地上三层、地下一层的花园别墅，并在右侧建了一幢副楼。

　　施光从，原籍晋江，早年到菲律宾经商致富。他与林尔嘉是"面线亲家"，施的侄儿娶了林尔嘉的大女儿为妻。别墅建成后，住了不久，因国内局势动荡，约于 1937 年左右，施率全家又迁往菲律宾，别墅从此转入黄仲训名下。后来黄仲训又将别墅转给最小的弟弟黄仲评。从此，这幢别墅就称"黄荣远堂"了。

　　黄荣远堂，是越南华侨黄文华父子创办的房地产公司。黄文华，南安人，生于 1855 年，早年移居越南，因开发荒地"厚芳兰"致富，至今在越南还留有他的许多产业。

　　黄荣远堂别墅，现编福建路 32 号，是一幢西洋风格为主的建筑。别墅的设计师借鉴、吸收甚至发挥了西洋建筑的艺术风格，融入了中国的传统艺术，使别墅更加美观。这座别墅通体有许多廊柱，用整条花岗岩雕成，一派古罗马风韵，十分壮观秀美；柱头大多为古希腊陶立克柱式，也间有少量爱奥尼克柱式；通高罗马大圆柱和拱券在正面烘托，显出宏伟感；另有许多小圆

黄荣远堂别墅

柱在周边支撑，颇具装饰美；还有不规则但错落有序的墙面变异；窗棂设计也各不相同，半月形、平直形、弯弧形相间配置；平台钩栏既有水泥透雕，又有钢花纹饰，甚至把葡萄架也搬上了阳台；三楼以及镂空女墙又有着较浓的中国近代建筑风格。宽敞的庭院中央设有水池假山，右前方修有休憩观景的两亭一榭，曲径相通；亭榭外沿用人工堆塑成云墙假山与邻相隔，高低错落，幽雅得体。整座别墅西洋的与中国的、古典的与现代的结合得比较和谐，也很别致，是鼓浪屿众多别墅建筑中的阳春白雪，如今风韵依旧。

观海别墅

鼓浪屿有个观海园，园内有众多别墅，但真正能观海的只有观海别墅。

观海别墅坐落在田尾西的海角尖上，是丹麦大北电报公司挪威籍经理的公寓，1918 年建成。1919 年，因挪威籍经理虐待工人，职工们愤然赶走了经理，别墅一直空着无人看管。1920 年黄奕住买下了这幢房子，花了 45070 银元，在楼前 4600 余平方米的旷地上增建了一个小花园、迷宫和观海台，并给别墅取名叫"观海别墅"，专门用来观海、听潮、休息；尤其是夏天，到此沐海弄潮更为理想。这是黄奕住 160 多幢别墅楼房中他自己比较心爱的一幢。

别墅为西班牙式，单层坡顶，设有地下隔潮层，四面拱券环廊，拱券宽窄相间，配置颇有韵律，甚为美观。西面拱券装有柳条百叶，以挡避阳光。南北两端有附房，是为主人沐海服务的。

观海别墅

南面附房前建一小庭院，内有石凳石桌，供浴后休息。女墙和檐线均极简练明快，流畅自然。走廊为平顶，卧室为坡顶。内部结构也颇简洁，踏过宽廊就直入客厅，客厅两旁是卧室，室内装有壁炉。整座建筑选址恰当，造型轻盈，颇具艺术个性。

别墅有两大特点。一是西面临海，楼墙就筑在花岗岩堤岸上，涨潮时海浪拍打堤岸，轰鸣的涛声直接传到卧室。由于海潮拍岸极有节奏，拍来时汹涌激越，退去时轻轻叹息，颇似一曲悦耳的催眠曲。住在这里的人，即使有严重的神经衰弱，也经不住这海浪的拍打，几声轰鸣，几声叹息，就能牵人入梦。北伐前一年，当时还是国民党政要的汪精卫来厦门时，因顾虑军阀搞"小动作"，不敢公开活动，在这里住过三天，临走时，还书李白诗一首赠给黄奕住。1965 年，原福州市委书记郑重，随当时的福州军区司令员、福建省委书记叶飞上将到工程机械厂搞社会主义教育蹲点时，被汽锤锤打、钢铁撞击的噪音搞得心神不宁、疲惫不堪。我曾奉命专门为他安排到观海别墅听潮休息了三天，从而放松了他疲惫的神经，使他恢复了精力。我这才知道海浪声有如此神奇的功效。

二是别墅建在海角礁盘上，且都是135°钝角，视野宽广，推窗即见海，跨步就踏海。稍抬头，海水涨了又退，浩浩东去又奔腾回返；偶俯视，白沙湿了又干，海水轻轻拥抱又温情吻别。站在观海台上，虽产生不了"登泰山而小天下"的豪气，却能一览前方的大担、二担等岛屿时隐时现，空蒙绰约。毛泽东在娄山关看到的是"苍山如海，残阳如血"，游人在这里看到的却是大海无垠、浪花奔逐、初阳如虹、鸥鹭翻飞的南国海天，意境更加高远。

观海别墅

观海别墅原来曾设想与菽庄花园的四十四桥相接，因大北公司的阻挠而未能实现。别墅东侧原有一栋两层楼房，曾经是法国领事馆，1930年前后，黄奕住、林尔嘉、龚植等常去领馆晤谈宴饮。可惜它早已倾圮，20世纪80年代初拆除了旧楼，在原址上又盖起了新楼，不过长高长大了许多。

1947年，观海别墅曾作为"海疆学术资料馆"。1950年，"海疆馆"搬至西林别墅后，这里由驻军入住，并在观海台上建了观察哨塔。1964 年，观海别墅划归福建省鼓浪屿干部休养所，接待全国干部来此休养。

前几年，别墅重新修建，拆除了地面建筑，又"挖地三尺"，增加了地下层，地上也增加层数；虽然仍保留了南面大小间拱的形体，其他却有了改变。因而，它远没有原别墅美观，失去了先前的韵味。

李清泉别墅

站在鹭江道上，放眼鼓浪屿升旗山，风球旗杆下有五株南洋杉的树尖伸入蔚蓝的天空，这就是升旗山上第一楼——李清泉别墅花园内的五棵南洋杉。

李清泉，原籍晋江，随父李昭以旅居菲律宾马尼拉。李昭以与其弟李昭北初期经营锯木厂，而后专营钱庄，是菲律宾华侨巨商之一。厦门城市建设时期，他来厦门设"李民兴置业公司"，先后投资 300 万银元，用于鹭江道填海筑堤工程，开发房地产。他在大同路、镇邦路兴建一列式 3~4 层楼房 6 幢，又在寿山路、碧山路之间建一列式楼房 10 座，抗战中毁于大火。李清泉、颜漱夫妇继承父业，也在中山路和鼓浪屿升旗山兴建楼宇和别墅。如今位于中山路的中国银行、商检招待所的楼房和虎头山上 1700 平方米的别墅，以及鼓浪屿漳州路的李家庄，都是他建造的。

1926 年，李清泉在鼓浪屿升旗山麓购得地皮，建了一幢中西合璧的三层别墅，1928 年落成。雕花铁门上嵌"容谷"二字，据说是"榕谷"之误；但此"谷"有容乃大，比"榕树之谷"更有意味。因李家是经营木材发家的，故别墅的木料均使用赤楠

李清泉别墅

等名贵木材。

　　一进入别墅大门，假山矗立两旁，环抱别墅花园；园中小路均用特意打就的多种花岗岩卵石铺成，色彩图案颇为美观。坐在假山上的亭子里，可以俯视鹭江景色，浩浩东去的海潮，熙熙攘攘的行人，尽入眼底。遗憾的是花园入口比较局促，特别是进门部分太狭窄，水泥雕筑人工痕迹太重，不像黄家花园、西林别墅那样舒展明畅，本色自然。

　　别墅依山面海，采用通高巨柱，柱面剁斧凹槽，柱头大多为爱奥尼克式，魁梧挺拔，颇有气度。外墙系密缝清水红砖，均匀美观。门窗均装百叶，双层玻璃。每层均有套间，大厅宽敞，可以举行舞会。别墅的特点是：高踞山腰，有居高临下的态势；山间幽静，有与众不同的情愫。独立楼顶，雄视厦鼓，心情自然会因之而舒畅。

　　李清泉从 1919 年起，蝉联 6 届马尼拉中华商会会长。1922年，北洋军阀在闽南战事又起，他组织了"旅菲华侨激进会"，自任会长。1925 年 3 月，他在马尼拉召开"南洋闽侨救乡会"，被举为总理。会后，他将"救乡会"迁至鼓浪屿，与各机关、团体联络救乡事宜，并召开"救乡会"代表大会，被选为会长，会上还通过了建设漳厦铁路龙岩段的议案。

1933 年 11 月，十九路军在福州发动"闽变"，成立"中华共和国人民革命政府"，李清泉在华侨中开展募捐，募得 20 万元支援"革命政府"。抗战爆发后，他发起组织"菲律宾华侨抗敌后援会"，任会长。1938 年，任"南洋华侨筹赈祖国难民总会"副主席。1940 年 10 月 15 日病危时，他立下遗嘱，捐 10 万美元救济抚养祖国难童，被誉为"至死不忘救国"的人；当日在美国逝世，年仅 52 岁。

1946 年夏，闽南大旱，米价狂涨。东南亚华侨闻讯，纷纷捐款捐粮，开展赈灾救援活动。1947 年 1 月，李清泉夫人颜漱携赈灾金菲币 6.75 万元抵厦，在升旗山李清泉别墅举行招待会，征询施赈办法；随后，对泉州、南安、惠安、安溪、同安、金门、厦门七县市进行了施赈。

如今，别墅仍由李家后人居住，虽历经 80 年，仍保存完好。花园内的树木高耸茂密，一派繁盛景象。

金瓜楼

从日光岩往东望去，山下的楼群里有两个金瓜形僧帽矗立于楼顶，特别突出，引人注目，这就是"金瓜楼"，现编泉州路99 号。

金瓜楼是鼓浪屿一黄姓房地产商于 1922 年建成的，占地面

积约 500 平方米，1924 年由菲律宾华侨黄赐敏以 4 万银元买下。黄赐敏，龙海石美东门人，少时赴菲律宾经商致富，1924 年携资返乡，到鼓浪屿相中了金瓜楼并立即买下，全家搬来金瓜楼定居。黄赐敏安家金瓜楼后，仍返菲律宾经商，常往返于菲厦之间，房产由其妻管理，老家仍留有祖厝。

金瓜楼的特色在于那两个"金瓜"屋顶，是鼓浪屿 1000 多座别墅中唯一的。"金瓜"橙黄泛金，八条瓜棱十分明显，支撑着穹顶；八支棱角春草飞卷、神韵古朴，颇有古罗马建筑的风采；且金瓜的瓜络纵横密缀，交错繁衍，有瓜络绵延、吉祥富贵的寓意。

金瓜楼是一座用中国传统装饰工艺建成的别墅洋楼，全部梁、柱、楣、檐、板、角都饰有花卉、禽鸟等动植物浮雕，颇有

金瓜楼

乡土气息，而窗户又是欧式的，均装百叶；内部房间、厅堂的分置却是中西结合，既有中国传统的厢房和公用的中厅，又有欧式的壁炉和宽廊。这种用中国传统工艺装饰洋楼的手法，在福建的一些地方尤其是莆田城关到江口一带特别突出，华丽犹如宫殿，这也许反映了广大华侨的乡土情结。

金瓜楼的门楼也颇有特色，是鼓浪屿别墅门楼中的佼佼者，可与番婆楼、海天堂构等门楼相媲美。门楼分为两层，运用中国歇山式古建筑手法，重檐翘角，翘角上的飞卷春草与金瓜上的完全一致，装潢得犹如城门一般，门穹内蓝天高悬，颇有气派，这也是鼓浪屿建筑中独具风采的一座门楼。

黄赐敏有八个儿子，两个女儿，1947 年部分赴菲律宾定居。"文革"后，金瓜楼由房地产部门代管，住进四五户人家。该楼 1949~1984 年一直由黄赐敏的长女代理。1980 年之后，黄赐敏的三儿必勇常回来小住，其余众多孙辈也陆续回来参观祖业。可惜必勇于 1991 年 4 月在菲律宾去世，享年 81 岁。如今黄赐敏的后人遍布美国、日本等 20 多个国家和地区，十分兴旺，真可谓瓜络绵延。我为写作这篇短文而访问该楼时，巧逢黄赐敏的三媳谢氏和孙儿启宙由菲律宾回鼓度假，他们对祖业颇为熟悉，甚有感情，对政府落实华侨政策和厦门的繁荣发展颇表赞赏。

如今，金瓜楼仍称"黄赐敏别墅"，保护得相当完好。

观彩楼

鼓浪屿笔架山上，鹤立着一幢三层欧式别墅，具有相当古典的贵族气度，外形宛如"花轿"，故人称其为"新娘轿子"。人

观彩楼

们还可以在楼上观赏到非常美丽的落日彩霞，所以鼓浪屿人又称之为"观彩楼"，现编笔山路6号。

新加坡的一位建筑师曾拍下了鼓浪屿欧式建筑的外部设计和装饰特写250多种，他说，真想不到鼓浪屿保留着英国维多利亚时代到伊丽莎白时代的各种设计如此丰富，有些形式连在英国本土也找不到了。当时我没来得及带他去看观彩楼，因此，不知道观彩楼的设计是维多利亚式还是伊丽莎白式的。

观彩楼建于1931年，是由荷兰工程师设计（一说是荷兰工程师从荷兰带来的图纸）、许春草营造公司承建的。楼的形体和装饰，多处受欧洲文艺复兴的复古影响，颇为古朴；又用了许多现代建筑手法，新颖流畅。它的屋顶十分别致，是背弧形，由棱线分割，既是外墙又是女墙，弧面上开六个突起的圆拱窗，立体感特别强，装饰性也颇突出。它的外形是屋顶，实际是第三层，中心是大厅，四周为卧室，室外为天台，与大厅相接，可纳凉也可观景，这是十分独特的设计。有人说这个屋顶颇有点北欧味道，我没去过北欧，不敢妄加定论。据市设计院杨章器高级工程师生前说，观彩楼的形体设计在美国建筑大学专业的教科书中能找到。

别墅的装饰也很新奇，窗楣用整块石材，借用中国乡村居民铺首的形象，雕刻勾勒成欧洲剑客（火枪手）的头像，寥寥几笔，使剑客帽和铺首环恰好组成了火枪手的脸庞，手法简洁，显然是由高手设计的。别墅因地制宜，不用宽廊，仅有的两根门柱也别出心裁，用整条花岗岩刻成绞绳状，颇有点西班牙风味。石材为稀有的玉白花岗岩，门窗为高级柚木，窗户和小阳台均装钢花钩栏。别墅虽建在山巅，仍有地下隔潮层，用来做储藏室。所有这些，增加了别墅的华贵气派。

我在采访中得知，1929 年夏，鹭江道自邮政码头至妈祖宫码头（今水仙宫码头）段的堤岸突然崩塌；1930 年改用美国松桩重建后又全段崩塌。两次倒堤后，损失巨大，工程技术人员也失去了信心。1931 年，荷兰治港公司中标承包，荷兰工程师找不到合适的住处，提出新建住宅，于是由"堤工处"出资，工程师从荷兰带来图纸，请来监工，当年建成。荷兰工程师在抗战前回国，别墅托人代管。太平洋战争爆发后，别墅卖给了丁玉树。约于 1944 年，丁玉树又将它卖给上海固齿龄牙膏厂的老板陈四民，作为其消夏避寒的别墅。陈四民从英国剑桥大学化学系毕业后，看到外国牙膏充斥中国市场，颇为难过，一股民族自尊油然而生。他运用学得的知识，搞出了中国人自己的牙膏配方，开厂生产，取名"固齿龄"，畅销全国，当然也赚了不少钱。于是他买下了这幢别墅，夏天来此消暑，冬天到此避寒。20 世纪 80 年代初起，其儿子利用此楼搞了一个旅游观光旅店，专门接待上海的游客。可惜，旅店风光了一阵后，因客源不足而停办，至今一直空置。

春草堂

坐落在鼓浪屿笔架山顶的"春草堂",是厦门第一个建筑公会会长许春草的住宅,现编笔山路17号。

春草堂,建于1933年,由许春草亲自设计,临崖而筑,外形颇似西式洋楼,实际上是中国现代民居别墅。进门是一个小庭院,种有各种花木,主人住在二楼,两厢为居室,中间为客厅,四房夹两厅,前厅是会客室,后厅为膳堂,厅后为厨房,厨房外为一小阳台,可纵览厦门西海域。客厅甚是宽敞,厅外是宽廊,可以观景、纳凉、吸阳。它与鼓浪屿其他别墅不一样的地方,在于选用闽南特有的花岗岩做墙基、墙柱和廊柱,特别是有意保留

春草堂

着花岗岩的荒面，加以清水红砖勾缝，一眼望去，既有自然粗犷厚实的感觉，又有闽南建筑的天然色彩美。

此楼选址独具匠心，视角幅度宽广，推窗即见厦门西海域、嵩屿、大屿、猴屿、火烧屿、九龙江口，以及港仔后的海景和海沧投资区。与相邻的观彩楼一样，在春草堂也可以欣赏到绚丽的晚霞。

许春草自幼家境贫寒，其父被外国卖人洋行骗卖去当了"猪仔"，一去不返。他12岁时当了泥水工，为不受工头和资本家的压迫、剥削，与百余小工结为"兄弟"。小工成长为师傅后又带一批小工，"兄弟"越来越多。1918年，"兄弟"们成立了建筑公会，许被推为会长。至1925年，建筑公会已有9个区分会，正式会员、非正式会员达8000余人。会训遵奉"有公愤而无私仇"，即对社会不平，工友们同心协力，个人恩仇则不予计较。

1914年，孙中山创建"中华革命党"，委许春草为闽南党务主任。1922年，孙中山电邀许到广州，建议将"建筑公会"改成"厦门建筑总工会"，并指示他在厦门设立联络站，发展党员，发展武装，准备北伐。许回来后，半年内就在厦门、福州发展工人、学生党员1000余名，并组织武装起义。陈炯明叛变革命后，孙中山到中山舰暂避，特派大元帅府庶务长、同安人郑螺生来厦门与许联系筹建"福建讨贼军"。孙用中山舰的信笺亲自签字，委许为福建讨贼军总指挥，还发给一方关防。"讨贼军"第一路军就是许的建筑工人，他当时领导的武装力量约有2万人，他是孙中山先生的得力将领。那年10月，另一支北伐军入闽后，许辞去了总指挥职务，结束了"讨贼军"的历史使命。

1923年起，许不再参与外地的政治活动，而致力于厦门的民众运动，广办善举，全力经营建筑公司，承揽工程，鼓浪屿有不少别墅就是他的公司承建的。1926年，他担任鼓浪屿工部局的"华董"。1930年倡议组织"中国婢女救拔团"，收容不堪主人虐待的婢女，教她们学工学手艺以便日后独立谋生，得到国际

联盟考察团的肯定，名噪一时。他还在 9 个区成立建筑消防队，义务救火。新中国成立后，曾两度担任厦门市人大特邀代表；1960 年逝世，享年 86 岁。

春草堂外观装饰简洁，正立面严格中轴对称，花岗岩廊柱和扶壁柱控制整个墙面，尤其是采用琉璃宝瓶透空栏杆，颇为美观，给人以精工雕琢的强烈印象，透出繁简适当、端庄朴实之美。但是，别墅建成后恰遇抗战军兴，许发起抗日宣传，遭到通缉，只好避难南洋，别墅遂被人占住，1948 年才收回。后又被没收，直到 1985 年才归还。1986 年，春草堂经过维修，焕然一新，恢复了围墙，加盖了三楼上的半楼。1989 年，木架屋顶换成了钢筋水泥屋顶。1992 年，他的第五个儿子、福建林学院教授、全国政协委员许伍权先生将别墅命名为"春草堂"，并建一门楼，以纪念许春草先生。

杨家园

在厦门 20 世纪初叶的建房高潮中，大约于 1913 年前后，菲律宾华侨杨忠权、杨启泰在鼓浪屿笔架山的向阳坡面上，建造了四幢西式别墅。这四幢别墅就是现在的鼓新路 27—29 号和安海路 4—8 号，总称"杨家园"。四幢别墅中，以安海路那幢最为漂亮，而鼓新路那幢最有气派。站在鼓新路 27 号（现称"忠权别墅"）二楼，可以遥望对岸的虎头山、鸿山寺和繁忙的鹭江。

忠权别墅的主人杨忠权，祖籍龙溪，14 岁时赴菲律宾马尼拉跟随伯父一道做生意，创办"铁业公司"，合股成立"地业公司"，生意兴隆。1913 年 7 月，杨忠权在鼓浪屿笔架山向英国差

杨家园

会购得旧厝一幢，拆旧建新，按图纸由中国工匠阿全承建。新楼建成后，杨忠权全家迁来鼓浪屿定居。可惜，他因积劳成疾，于1934年去世，年仅49岁。1989年，杨忠权在国外的儿孙来厦办理了房产继承手续，遂将别墅改称为"忠权楼"，以示对先人的纪念。

杨家园别墅的柱式多为科林斯式，凹槽廊柱也颇为挺拔，压条下的钢花雕饰透出现代气息，线条流畅明快。特别突出的要数四个前窗：一楼为圆拱，二楼为尖拱，窗楣的雕塑、窗柱的装饰都各不相同，既有艺术韵味，又有雕塑灵气，使别墅分外秀美。每层均有独立的客厅、舞池和套房，柚木地板，卫生间有男女两个浴盆，配以挂镜和梳妆台，颇为新颖别致，华贵舒适。

杨家园别墅除主楼外，还有副楼，楼内有厨房、储藏室、佣人的住房和厕所。副楼的建筑形式与主楼风格吻合，浑然一体，但用料较粗，地板只铺红砖，以示区别，表现出主仆等级关系的森严。尤为甚者，院内专设一小门和通道，供挑柴、杂役工人进

出，不让主人和下人混淆，这在鼓浪屿所有别墅中也是唯一的。从观念上说，"下人"不能从大门、正门出入，这是那个时代的特征。这与林氏府八角楼那个小门专为二姨太灵柩出入而开，有着异曲同工之妙。

别墅有一套自然供水设备，在各楼的顶层和底层均有水池，蓄积雨水。院内还挖有水井，配有手压抽水机。当年，岛上没有自来水，这套供水设备可以用来洗衣、浇花、消防、冲厕，甚至饮用。鼓浪屿的许多别墅都有水井，但都没有杨家园那么系统齐全。所以，这套自然供水设备在当时算是相当先进了。

杨家园还有相当宽敞的花园，园内果树、花卉甚多，点缀美化了别墅的环境。楼房的底层建有避弹室，这在鼓浪屿建筑中是很罕见的。

番 婆 楼

在鼓浪屿安海路上，有一座两层清水红砖圆拱回廊的法式别墅，现编36号，人称"番婆楼"。番婆楼是晋江籍菲律宾华侨许经权于1927年建成的。现此楼色彩鲜艳，风姿绰约，不失当年气韵，曾被电影《廖仲恺》、《春天里的秋天》、《土楼人家》摄制组相中，在此拍摄场景。

此楼何以叫作"番婆楼"？原来当年许经权赴菲律宾经商致富后，将其母接到菲律宾孝敬供养。可许母过惯了闽南生活，不习惯菲律宾的水土，闹着要回晋江。许感到回晋江老家建房不足以表达对母亲的孝敬之情，不如在鼓浪屿建房供养母亲更尽人子之孝。于是，他在安海路先买得一幢洋房，将母亲安置住下；而

番婆楼

后在其东侧新建一座超过厦门"天一楼"的大别墅，交其母居住；并在其后建一副楼，让侍佣人员居住；另在别墅前院设一戏台，请来锦歌班为其母演唱，许母可在大楼内点曲听唱，真是逍遥自在。如今戏台、乐池、出入通道均在。

许母的其他儿子也十分孝敬老母，争相为母亲添置新衣首饰。许母平时换穿儿子们送的衣衫，佩带儿子们买的金银首饰，珠光宝气，俨然南洋富婆。街坊邻居称其为"番婆"，楼也就叫"番婆楼"了。

番婆楼有一个鼓浪屿最高最大的门楼，顶上两边有两只金丝鸟衔着铜钱的雕塑，以示富贵。两扇铁门中央均置"福"字，一正一反，寓意出门见福，进门也是福。门楼内侧均为水泥塑制的假山高墙，墙上留有镜洞、漏窗和诗词照壁。厦门不少书法家为其题诗书写，可惜在"文革"中被抹去，只有进门处龚植写的"渐佳"二字还依稀可辨。

此楼的外部装饰也甚讲究。回廊上的所有方柱顶端均有装饰

各种花卉的柱头，而且每根都不一样，实际上是中西合璧、土洋结合的产物，也是工匠吸收西洋建筑上的柱式加以中国化而制作出来的。檐下廊楣上还有沉鱼落雁、金猴献桃、古典人物、吉祥标志等多种浮雕，把别墅装点得分外华丽。门框、窗套均用玉白花岗岩，室内为雕花镂空天花板，走廊为柳条天花板，相得益彰。楼顶四面女墙中部均有画屏，屏上绘塑有花卉、天使、美女，可惜正面绘有外国美女的女墙画屏已被台风吹倒。楼外本来还有一片旷地，有一口水井，叫龙坑井，现已填塞，空地也成了街心小花园了。

此楼现由"番婆"的后人居住，虽经 80 年风雨，保养仍相当完好。鼓浪屿的老年体协和致公党曾借此楼办公；近年，又出租给外来务工人员居住，里面还开设了咖啡馆。

殷宅

鼓浪屿鸡母山的鸡母石西侧，有一幢西欧式建筑，人称"殷宅"；又因老主人名字中有一"圃"字，因而又叫"圃庵"。它是我国著名钢琴演奏家殷承宗青少年时期居住的房子，现编鸡山路 16 号。

这里原有一座旧四合院，1924 年，殷氏购得此地。他的大儿子殷祖泽留学美国费城，学习土木工程，毕业后回国受聘为清华大学教授。1925 年，旧房拆除，由殷祖泽设计建成新楼，占地 1700 平方米，依地形设计成部分单层、部分有地下隔潮层的西欧风格的花园住宅。该楼立面参差错落，屋顶坡平相间，线条简洁流畅，窗式各异，颇具法国韵味；内厅饰有五个拱券，三厅

殷 宅

相连，大厅与四个卧室相通，具有法兰西厅室的特征。全楼设有四套卫生间（含地下室），反映出殷祖泽当时的文明意识。可惜，殷祖泽英年早逝，20世纪30年代病逝于北京，遗体运回后就葬在殷宅的花园里。"文革"中墓被毁，墓碑不知去向。

1942年，殷承宗出生在殷宅。他12岁那年考取上海音乐学院附中，离开故居。后来留学苏联，归国后在北京工作。赴美定居后，仍眷念大哥设计的住宅，每隔几年都要返乡叙旧。

殷宅的特点是：就地取材。殷祖泽在设计时，充分利用旧厝和基础深挖开采的花岗石为墙体，现在看上去仍粗犷稳重，又具闽南石乡的特色，冬暖夏凉。夏天走进厅堂卧室，宛若走在沙滩上，海风徐徐，清凉异常；冬天，花园日照较长，吸阳温暖，加上排水畅通，百叶调节，再关上东北面的窗门，温馨暖和。殷宅内原有一个西欧式花园，种有各种花卉树木，七里香修剪成各种形态，把住宅点缀得分外秀美，徜徉其间，宛若身处西欧。现在，花园已非往昔面目，罗汉松只剩一棵而且已经苍老，宅前的

一棵黑松，是主人从国外带回来的，与住宅同龄，原来苍劲挺拔、枝繁叶茂，不知什么原因，前年又枯萎了。80多年过去了，别墅显得老旧。近年，殷家兄弟姐妹对别墅作了修缮，花园也作了整理，基本恢复了原貌。

殷宅现在仍由殷承宗的二哥、原厦门音乐学校校长、钢琴演奏家殷承典居住。他总感到对这房子特别有感情，只要一走进去，就像走进了温馨宁静的、属于自己的港湾。

白　宅

鼓浪屿升旗山西麓的复兴路上，有两幢西班牙风格的欧式住宅和一幢红砖别墅，均为白氏住宅，距今已有一个多世纪了。

大概在清咸丰年间，安溪人白瑞安先在厦门以刷金银箔和刻木字为业，后在二十四崎开设"瑞记书店"，兼营印字作坊，自己劳作，刊印《三字经》、《千字文》等出售。后改名"萃经堂"印字馆，迁到鼓浪屿复兴路15号，印刷新街礼拜堂和英国圣书公会传教用的罗马字《厦语注音字典》、圣诗等。及至光绪年间，白瑞安业传其子白登弼。白登弼经营萃经堂有方，业务颇有发展，从英国购进手摇活版印刷机，首开铅字活版印刷之风；后来还从香港聘来技师，实现了手工操作到半机械化的转变，印刷了《厦语注音字典》等多种书籍。这是厦门，也是福建最早的铅字活版印刷。

1902年，白登弼在升旗山西麓的旷地上延师设计建造了白宅南楼；过了10年，又在南楼北侧建了一幢相似的住宅，建成后均租给外国人居住。1914年，白登弼由于劳累过度，胃病发

白宅南楼

作去世，年仅 44 岁。

　　白登弼去世后，其妻吴怜悯将萃经堂盘给店内伙计经营，伙计们将萃经堂迁至厦门大走马路。吴怜悯全靠两幢房屋的租金维持家计。她是长泰一草药医生的闺女，16 岁到鼓浪屿传教士家打工，学会了闽南语罗马拼音字，学会了传教士家的外国礼仪，并加入基督教。至 1930 年，儿女们长大成家，子孙满堂，复兴路 15 号住不下了，于是，她决定收回两幢租房自住。这两幢房子至今仍住着白氏的后人。

　　白宅南楼，地基高于北楼，未设隔潮层。北楼建造时，增加了隔潮层，并改善了屋顶。两楼的式样基本一致，前后均有长廊，廊外为拱窗，拱形大方古朴，线条简洁流畅；拱窗置柳条隔扇，扇中又有柳条小门，通气避光；走廊的天花板也用柳条隔成，至今完好。这种装饰是当时的时尚，如今却成了鼓浪屿建筑的一大特色。两楼都有一小花园，园内遍植龙眼、罗汉松等长寿树，树下有冬青、翠柏、含笑、桂花、色叶、枇杷等多种花果

树，把住宅点缀得十分有生气。游人从翠绿丛中观赏乳白色的洋楼，分外赏心悦目。

南楼近年作了简易修缮，部分回廊也已封堵，尤其是后廊，为适应现代生活的需要，全部改成厨房、卫生间或杂物间，那柳条隔扇已经被玻璃窗所替代。居室的壁炉，天花板的四角花式通气孔，均按原样保留。特别难得的是天花板中央的莲花灯座里有一铁钩，那铁钩不是用来挂电风扇或电灯的，因为当时鼓浪屿还没有电风扇和电灯，它是用来挂煤油灯的。这种铁钩至今已甚少见，如今在其旁边已装上了电灯。

白宅红砖别墅

白登弼的五弟白护卫，唐山路矿学堂毕业，1916 年随中国劳工参加第一次世界大战。1918 年战争结束后，滞留美国六年；1922 年在斯坦福大学进修时，发明了蹼泳的脚蹼。1926 年回到鼓浪屿，大嫂吴怜悯为他建造了一幢三层红砖别墅，他也完了婚。婚后，曾参加"厦汕公路"的建设，后去香港淘化大同公

司任工程师。日军占领香港后，他因而失业，1946年回到鼓浪屿。回来的第三天，他不顾风浪下海游泳，突发心脏病去世，时年63岁，奇怪的是尸体浮海而不沉。如今，红砖别墅模样依旧，尤其是依在楼侧的楼梯，一如当年原样，风华如初，但据说产权已经转给他人。

新一代白氏传人大多继承了先人遗志，基本上是大学毕业，有的在国外拼搏，有的在国内服务。

宁 远 楼

泉州路70号是一座三塌寿洋楼，两厢突出，为旅菲华侨蔡文思于清末民初建成的三层别墅。因为蔡文思十分喜欢鼓浪屿宁静致远的优良环境，故为别墅取名"宁远楼"。此楼的第三层是我国著名科学家、中国结构化学、新晶体材料科学的杰出奠基人、原福州大学校长、中国科学院院长、全国政协副主席卢嘉锡教授的故居。

宁远楼完全用清水红砖砌成，左右两侧突出为居室，与中央凹入的外廊连通。二、三楼为四扇欧式窗，突出墙面，窗楣、窗底均用砖砌线脚堆叠，窗棂以浮雕装饰，百叶掩于外，玻璃装于内，中间以铁栏杆相隔。一楼为两扇窗，窗楣用红砖砌成半月弯拱突出于墙面，平添了装饰美。中央凹入的外廊为红砖方柱，柱头一改古希腊式样，以红砖砌斜角组成，与整幢别墅的线脚、栏杆、瓶柱相配，透出些许中国传统的气韵，和谐清丽。有趣的是三层线脚均用红砖按层数砌成三种花式，简洁而大方。尤其是第三层的线脚与女儿墙的镂空饰件上下接应，使别墅显得端庄有气

度，简约而美观。

宁远楼前为围墙，中间置欧式门楼，使用凹槽方柱，柱头也是工匠自己设计的四瓣花。钢花铁门上首是阴刻的"宁远楼"三字，再上面就是卷草纹山花了，显得精巧雅致，与整幢别墅颇为般配。比较特异的是楼梯置于别墅的后面，沿钢扶栏直上三楼。三楼为六房隔一厅，厅后为阳台。每间卧室约15平方米，花砖地面，柳条木天花，颇为温馨实用，宜于安居。

宁远楼

卢嘉锡是20世纪20年代随父母和两个哥哥住进三楼的。其父卢东启当年在鼓浪屿创办了私塾"留种园"，收徒授课，卢嘉锡也在这里接受启蒙教育。两年后，他直接插班就读小学六年级，中学只读了一年半，13岁就考入厦门大学预科，15岁升入本科。1934年大学毕业后留校当助教，那年他才19岁。抗战爆发前，获中英庚款赴英国伦敦大学攻读化学博士；抗战胜利后回国，出任厦门大学化学系教授、系主任。其后他一直住在宁远楼，1946年才搬入厦门大学的宿舍。前后算来，卢嘉锡在宁远楼居住过10多年。他在这里启蒙、求学、成长、结婚，他从这里走向世界，走向事业的顶峰。可以说宁远楼是卢嘉锡教授人生和事业的起点，而且是他在厦门唯一保存完好的故居。

林屋

在日光岩北麓，西林墙外的柠檬桉林边，有一幢北欧风格的楼房，房主人以其始祖比干称其子民的房屋为"林屋"而取名，并在门墙上挂一铜质"林屋"铭牌，现编泉州路82号。

楼房主人林振勋，厦门塔头人，早年赴新加坡经商，后回国定居鼓浪屿，成家立业，生有五子，均事业有成。振勋先生1955年在香港去世，享年90岁。他临终遗言说，林屋不能卖，留给子孙为祖国服务。他的次子全诚从美国麻省理工学院土木系毕业后，回厦接受了厦门自来水公司的聘请，担任工程师，设计建造了上李水库和鼓浪屿自来水管理楼等一批工程。而后去上海、香港工作，1948年去美国，1980年在美国逝世。

林屋原址为1880年建成的英国长老会"杜嘉德纪念堂"，因白蚁蛀蚀严重，不敢再建。1905年，长老会和伦敦差会合并，迁入岩仔脚新建的"福音堂"，纪念堂因而空置。约于1923年，林振勋买下了废弃的纪念堂地皮，由次子全诚设计，上海师傅施工，1927年建成林屋。

林屋共三层，隔潮层为地下室，最有特色和气度的地方在屋顶和结构上。屋顶使用北欧坡折屋面，配以嘉庚瓦，在林阴婆娑中，红色屋面分外突出，引来无数游人的目光。坡折屋面上又依风向开出半圆突拱窗、尖形平面窗、通气窗、观景廊，加上壁炉、烟囱，富有北欧建筑艺术的美感，特有情致，是鼓浪屿众多别墅楼房中比较美观实用的一幢。

林屋的结构颇有特色，不搞大回廊、粗立柱，立面也不一刀

林　屋

切，该突起的地方就突起，该收进的地方就收进，变化颇为协调，与坡折屋面互相照应、互相补充，形成楼房自身的个性，鹤立于群楼间，颇为稳重纤丽。

林屋的厅房设计也颇具北欧风韵，光线柔和，拼木地板，柚木楼梯，一派温馨。每到周末，林家常在法式客厅里举办家庭音乐会。林屋该利用的面积全部被利用起来，没有一点浪费，颇为实用。林全诚还为楼房留下了前后空地，可以修建内花园，足见设计者之匠心。

林屋建造时，林全诚考虑到以前杜嘉德纪念堂被白蚁蛀蚀的情况，把基础建得十分牢固，地下室壁厚达 80 厘米，这在鼓浪屿的别墅楼房中是比较少见的。可惜，白蚁没有完全消灭，现仍侵蚀着林屋，蚁蚀的地方清晰可见。

林屋也有副楼，但造型十分平淡，其女墙与主楼的坡折屋面不相匹配，现已陈旧。

林屋现由林振勋的后人居住。楼房虽已有 80 多年历史，有些地方也显出老态，但北欧韵味仍十分鲜明。更为难得的是，林振勋先生的后人大多从事科学技术工作，且多有建树，有的还是中国工程院院士。现今的林屋，室内的摆设虽然简单，但一排排一橱橱的中外文书籍，却透出了一股沁人的书香和高雅的文化氛围。

自来水管理楼

20 世纪 20 年代，"林屋"的设计者林全诚，从美国麻省理工学院土木工程系毕业后，接受厦门自来水公司的聘请，担任了该公司的工程师，负责设计上李水库等一批工程，该水库的大坝和环境现在仍是一流的。

厦门自来水公司投资人住在鼓浪屿，当然要把自来水弄到鼓浪屿来。当年不可能运用海底巨型输水管进行供水，只好用水船运到鼓浪屿西仔路头鹿礁石旁，用水泵分级压水上山储于水池，水池就设在升旗山麓的漳州路崖顶。水池南侧，林全诚设计了一幢管理水池的小别墅，小巧玲珑，颇为美观。

自来水管理楼

小别墅为二层小楼，不设立柱、回廊，没有拱券、挑檐，也没有雕饰精美的窗户。立面不搞四向平面，而是收放自如，自由随意，充分考虑了阳光、通风等环境因素。特别突出的是屋顶，不是通常规整的二坡顶或四坡顶，而是吸收北欧建筑风韵，做成不规则的多坡顶，铺装橙红色的嘉庚瓦，宛如含苞欲放的郁金香花蕾。坡面中心的两座壁炉烟囱颇像花蕾中的花蕊，四周的花园和茂密的绿树，把小别墅衬托得特别灵秀，远远望去，好像在绿色海洋里伸出一株橙红色的郁金香，颇有"万绿丛红一点红"的美感。

别墅虽小，但设计独到，构思巧妙，形体美观，是鼓浪屿别墅建筑中的艺术品；近年虽作了重新翻修，仍不失原来的韵味和美感。现为自来水公司的招待所。

船 屋

鼓浪屿的鼓新路上，有一座"船屋"，乃是因为宅基地呈长三角形，别墅建在其上，如海轮甲板上的船舱，登三楼俯视，宛如一艘正待远航的海轮，现编48号。

船屋是原救世医院医生黄大辟约于1920年建成的别墅，占地400多平方米，其中别墅平面218平方米，四层，砖混结构，由原救世医院院长、出生于荷兰的美国人郁约翰设计。郁氏系土木建筑专业毕业，善于依地形设计楼宇。郁氏设计船屋时，为使它更形似海轮，特意将别墅左右立面的直角砌成135°弧形斜角，并在立面上开了两排圆洞气窗，颇似海轮的驾驶台。楼层厅室的分布一、二层完全一样，三、四层依次递减，四层只有一室和储水池、锅炉房，是一幢以欧美近代建筑风格为主、带有某些中国韵味的别墅，十分美观。

船屋的设计使用中外传统建筑手法，以中轴线为基准，向两翼展开，严格对称，中轴线两侧的厅室均一样的大小，一样的装饰。整幢楼以清水红砖为基调，辅以百叶门窗，宽前廊、廊下的装饰和女墙均简练明快，朴实无华。客厅和卧室的直角均被切去，换成135°斜角曲折，达到采光充足、通风性好的效果。四楼

的储水池以前用来储存雨水，现在另加水泵抽自来水入池，用以洗澡、冲厕、浇花等等。其卫生设备颇现代化，有浴缸、抽水马桶、大理石镜台、水磨石地板，即使以今天的标准来衡量，还是颇有水准的。地板全部是宽条楠木，家具大多为酸枝木、红木制造，异常稳重牢固。这套与别墅同龄的家具，至今仍光可鉴人。

黄大辟的儿子黄祯德也是医生，曾任救世医院（原第二医院）院长，孙子黄孕西现在是胸外科副主任医师，黄家可以说是"医生世家"。同时，从黄大辟到黄孕西，全家人都喜欢音乐，几乎都接受过音乐训练，加上别墅的客厅采光、通风、吸音条件均极良好，非常适宜弹琴唱歌，主人每逢周末，就邀请医生护士、亲朋好友前来举办音乐文化沙龙。1988 年，美国驻华使馆的文化参赞、钢琴家丹顿访问鼓浪屿时，要求参加正规的家庭音

船 屋

乐会，接待部门就选定在船屋的客厅举办。参赞听了黄孕西一家高水平的弹奏演唱后说："这是我第一次在中国参加这样和谐的家庭音乐会。"此后，黄孕西一家多次在船屋的客厅用家庭音乐会接待外宾和港台客人，其中包括乌干达文化部长和香港亚视、台湾华视的演员。1997 年正月初三，中央电视台《新闻联播》报道的家庭音乐会就是在船屋举行的。那架伴随了黄家四代人的雕花莫林钢琴，虽显古旧，但琴声仍旧轻缓，依然激越。

许家别墅

笔架山顶"春草堂"东北侧的巨石边，有一座主体三层、局部四层的许家别墅，列笔山路 19 号，建于 1933 年，是许春草营造公司设计施工的。

别墅呈方形，建在山脊偏西的坡顶上，朝阳夕阳相伴。主入口却置于东南面，以巨石为导向，利用高差通过天桥直入第二层，这是颇有想象力的设计。登上楼顶既可看鼓浪屿全景，也可远眺厦门景色，尤其是厦门西海域，大屿、嵩屿、猴屿、兔屿、火烧屿、海沧大桥以及海沧区的未来海岸，一览无余。

别墅为折衷式风格，两层廊柱和变形的西洋古典附壁柱特别好看，柱式变异纷繁，装饰精美。窗式也富于变化，尤其是窗套、窗楣工艺丰富，与附壁柱和谐相配，在鼓浪屿别墅中独树一帜，为别墅增添了美感。整幢别墅采用白色柱和玫瑰红墙面，红白相间，在绿树掩映下，显得庄重典雅，富丽堂皇，异常美观，是许春草营造公司设计建造的别墅中甚为漂亮的作品。

许家是音乐世家，祖母、父母和 6 个兄弟姐妹都喜欢弹琴唱

许家别墅

歌，家中歌声不断，使小孩们从小就生活在音乐氛围里，受到良好的音乐熏陶和教育。

许序钟是牧师，早年在马来西亚谋生，后来响应陈嘉庚先生的号召，回集美中学读书。他喜欢音乐，先吹竹笛，后学钢琴，中西结合。其妻张秀恋是毓德女学的高才生，也喜欢音乐，是教会的司琴，又是儿女们的启蒙老师。每逢周末家庭音乐会，由许序钟主持，张秀恋弹琴，许母领唱，全家合唱，其乐融融。儿女长大后，由斐平弹琴，斐星伴奏，斐尼拉小提琴。许序钟夫妇培养出三位著名的钢琴演奏家、小提琴家——许斐平、许斐星、许斐尼，被誉为"鼓浪屿许家三杰"；现在许斐星的女儿许兴艾在美国又成为年轻的钢琴家，并荣获"总统奖"。

可惜的是，旅美著名钢琴家许斐平在应邀回国巡回演出、授课讲学的活动中，不幸于 2001 年 11 月 27 日晚，在黑龙江 301 国道齐齐哈尔至林甸段遇车祸而逝世。巨星陨落，年仅 49 岁，鼓浪屿失去了一位令人骄傲的儿子！

时 钟 楼

　　鼓浪屿安海路 55 号，是一幢三层楼宇，外形颇像自鸣钟，故称为"时钟楼"，又名"宜园"。

　　时钟楼约建于 20 世纪 20 年代，它的确切建成日期和始建主人一时无可查考；只知道第一位业主为一陈姓巨富，有众多姜小，而斯楼房间甚多，颇适合安置。

　　时钟楼为当代西洋建筑，没有欧陆建筑的落地门窗、百叶装饰，而是在玻璃窗后装上铁栅。这种形式在美国领事馆上可以看到，日后在许多建筑上均使用过。没有隔潮层，也没有副楼，柱式也不是标准规范的希腊柱式，而是经过设计师、工匠异化了的柱式，在爱奥尼克式之上加上了装饰雕塑，别具一格。立面装饰也简洁明快，使用水泥花岗岩碎石的本色，与走廊压条、台阶的花岗岩色调自然融合，视觉效果甚佳，光明亮丽，纤巧淡雅。最佳处为两厢和三楼，接风纳阳，冬暖夏凉；尤其是三楼，门窗之楣和女墙均装饰着富丽的浮雕，颇显豪华。此楼是鼓浪屿别墅建筑中式样独特又颇为美观实用的一幢。

　　1933 年，晋江籍菲律宾华侨杨丕河委托世交蔡先生购得此楼后，交由蔡先生代管。杨本人没有来住过，只遣其亲戚居住。

　　新中国成立后，私房改造，时钟楼也由房管部门代管，先后引入住户，又做过卫生院，后又作为鼓浪屿公安分局的办公楼。公安局在笔山顶新建办公楼后，于 20 世纪 80 年代退回时钟楼的产权，落实侨房政策，曾租给中国农业银行厦门鼓浪屿支行，楼下为营业厅，二、三楼为农行员工的宿舍。现又另作他用。

时钟楼

　　杨丕河在新中国成立后已去世，时钟楼的业主不变，由其四个儿子继承共有。代管人蔡先生也已去世，但仍按前约交蔡先生的后人代管。如今，杨的儿孙仍在菲律宾经商创业，时有回来探望乡亲，看望祖业。时钟楼由于建造质量上乘，加上维修适时、保管妥善，至今仍完好。左侧的平屋和后面的水井也依原样保留，只不过用自来水代替了手压抽水。

　　时钟楼前后的小花园种有枇杷、龙眼等多种果树，枝繁叶茂。门前有一片水泥晒埕，夏日炎炎，反射强烈，如果也改成小花园，种上花草果树，环境会更好。

曾 家 园

曾家园，是中共福建省第二次党代会的会址，编内厝澳449号，是文物保护单位。

曾家园是印尼三宝垄华侨曾坤东于1920年建成的二层小别墅，总占地300多平方米，建筑面积约160平方米。别墅的主体是两房夹一厅的闽南民居格调，前为宽廊，廊与厅室相通，可以观景，可以随时观察周围的情况。柱式较一般，但檐线简约大方。有一个小门楼，墙柱上的柱式，有一个艺术化的凤尾，甚是秀美。门楼顶设有女墙，以瓶柱为饰。四周有近300平方米的花园，独门独院，比较隐蔽安全。1930年2月15~20日，中共福

曾家园

建省第二次党代会在这里举行，中共中央特派恽代英参加会议，会议作出了多项重要决议。

出席这次会议的代表有 22 人，改选了省委领导机构，选出新的省委执委：罗明、谢景德、王海萍、张鼎丞、雷时标、邱泮林、杨适、苏阿德、戴树兴等 9 人。罗明为省委书记，杨适为闽北特委书记。

会议以后，省委机关迁往鼓浪屿虎巷 8 号。1931 年 3 月 25 日，机关遭到破坏，那时的秘书长、组织部长杨适和宣传部长李国珍被捕牺牲，虎巷 8 号弃用。

曾家园后来卖给了菲律宾华侨叶文祺。新中国成立后由房管所托管，住进 5 户人家。1958 年，玻璃厂在园后的花园建了职工宿舍。1980 年 2 月，解除托管，产权归还叶文祺。

如今，别墅因年久失修，损坏严重，墙面斑驳，梁木颓坏，荒草野藤爬满了前廊，第二层已在台风中倒塌。厦门市有关部门准备将其按原样修复。

陈国辉宅

73 多年前，福州街头贴出一张福建绥靖公署主任蒋光鼐枪毙闽南大土匪陈国辉的布告，一时人心大快！

陈国辉，泉州南安九都西头村人，父亲早逝，母亲改嫁，家贫而聪明机灵。18 岁投奔"民军"，做头人的随身勤务；头人阵亡后，他拉起一支队伍自己当头人，过起绿林生活，劫盐馆，绑富户，夺官财，购枪械，声势日盛。1917 年，"护法军"到内地招编民军，委陈为营副；后因袭击北洋军有功，提升为团副；后

陈国辉宅

又委为省防军第一混成旅旅长。1922年，陈炯明叛变，陈担任"讨贼军"第五路军司令。1927年，他又摇身变为"北伐军"少将团长。1930年，陈投奔省主席方声涛，方又委他兼任永（春）、德（化）、安（溪）、南（安）警备司令，肩衔陆军中将，管辖闽南八县的军政大权。从此，陈生杀予夺，奸淫勒索，无恶不作。十九路军入闽后，华侨纷纷状告陈国辉，要求捕杀以平民愤。十九路军以方声涛名义诱其赴福州"参加军事会议"，逮捕后关入铁站笼，后旋被枪毙（一说为杀头）于福州东湖校场，尸体由他的原部下、时任省建设厅厅长的许显时出面收殓，运回鼓浪屿，葬在宅前花园内，取名"息园"。"文革"中，墓被挖毁。

陈脸有麻子，人称"猫王"。他先娶乡人魏三娘为妻，不久魏病死，他又续娶永春黄汝娟。当了旅长以后，又强娶三妾：一为吕罕娘，原系华侨之妻，称"二太"，不久随一华侨逃往南

洋；二为叶秀莲，原系富侨之妻，称"三太"；三为蔡瑞堂，称"四太"，最受宠幸，陈被处决后，四太随专机驾驶员陈文麟而去。他在鼓浪屿曾有两幢房子，现编福建路37号。一幢为红砖西式洋楼，据说系购自一安溪白姓人家的产业，供自己居住。此楼为三层，中西结合，约建于20世纪初期，正面为圆拱宽廊，廊下为琉璃件装饰，花砖地板，镂空雕花天花板，彩色压花玻璃，高级红木门窗及屏风，古朴典雅。三楼设有前后观景廊台，视野宽广，便于观察四方动静。另一幢为普通楼房，供卫兵、勤务兵居住，有三条楼梯直通主楼，以便传唤，也便于一旦出事及时救援。

陈的住宅地形隐蔽，不甚显眼，相对安全，还设有逃生小门。楼西有一隐伏的小门，通往番仔墓，一有风吹草动，既可从三楼平台观察瞭望，判断情况，又可神不知鬼不觉地从小门溜走，充分表露了他的土匪心态。此楼早被政府没收，现为民居。

附：布　告

为布告事：照得福建省防军第一混成旅旅长陈国辉，系骠骑鸣镝之徒，因缘时会，啸聚闽南，暴戾恣睢，无恶不作。如庇匪掳勒，渎职殃民，横征暴敛，擅创捐税，勒种罂粟，屠杀焚村，摧残党务，拥兵抗命，种种罪恶，擢发难数，皆属社会所共见，无可掩讳之事实。当本军转师入闽之初，接受海内外民众团体及被害人控诉陈犯祸福文电，积存盈尺。本主任尤一再优容诚勉，冀其悔悟自新，不图该犯怙恶不悛，荼毒地方，拥兵抗命如故，如今拿办，业已呈奉国民政府军事委员会，电令组织军事法庭会审，并经详细研讯，罪证确凿，无法可宥。该犯陈国辉一名，合依陆、海、空军刑法第25、27、35、47、63各条规定，合并论罪，判处死刑。即于本月23日，验明正身，绑赴刑场，执行枪决，以昭炯戒，切切此布。

计开陈国辉一名，年 35 岁，福建南安县人。

福建绥靖公署主任　蒋光鼐

1933 年 12 月 23 日

海滨旅社

　　在鼓浪屿原西仔路头今轮渡公司南邻，有一幢清水红砖的三层楼房，约建于 20 世纪 20 年代，系一幢普通的近代建筑，抗战时期曾是卓绵成开的海滨旅社。旅社没有豪华的大门、大堂，只是东南两面设有小型进门，其门还没有民居的大门气派，进门就是木楼梯。但楼房东濒鹭江，满潮时海水漫堤，小艇可直驶进东门，交通保卫条件甚好；且临海而居，没有城市的繁杂，更无车马的喧闹，妙可听潮，清爽幽雅，牵人入梦，颇得旅人青睐。新中国成立后作为民居，现编鹿礁路 2 号。

　　海滨旅社其楼虽极普通，但这里却因演绎过厦门现代史上的几件大事而名垂史册。

　　1945 年 8 月 15 日，日本天皇接受《波茨坦公告》，发表"停战诏书"，向盟国无条件投降。厦门沦陷于日帝的铁蹄之下达八个年头，百姓苦难深重，听到日寇投降的消息，一片欢腾。但是，国民党内部由谁来接收厦门，却发生了龃龉。第三战区司令长官顾祝同、副司令长官刘建绪组成了"接收厦门委员会"，派省保安纵队司令严泽元和新任厦门市长黄天爵来厦门接收；可海军总司令陈绍宽认为厦门是海军要港，应由海军主持受降，派出第二舰队司令李世甲少将前来接收。双方在集美发生争执，僵

海滨旅社

持拖延了一月有余而未获解决。

　　何应钦、顾祝同、陈绍宽、周至柔（空军司令）等组成全国统一接收委员会后，派刘德浦少将为厦门要港司令，协助李世甲办理接收事宜。刘抵厦后，经多方协商，决定于9月28日借鼓浪屿海滨旅社由李世甲主持受降仪式，正式接受侵厦（还包括汕头）日军司令、海军中将原田清一的投降，这是厦门最高级别的受降典礼，共接收日军舰艇4艘，步机枪1000余支，山炮多尊，中将以下官兵2779名。

　　抗战胜利后，这里曾作为美军教导团的招待所。

　　1949年元旦，蒋介石发表"文告"，侈谈和平。当晚，中央银行奉命将国库黄金151箱共计572899487市两、银元1000箱共计400万元，由上海海关巡逻舰"海星"号承运、海军"美盛"号护送押运至厦门，存在厦门中央银行。21日，中央银行又密运国库白银 4500 箱共计 1800 万元抵达厦门。就在这天，蒋介石玩弄的假和平花招破产，宣告"下野"，李宗仁出任代总统。李代总统经费拮据，下令将运厦的黄金、白银返运南京，从而引发一出"阻运"风波。福建省主席朱绍良专程来厦门指示，非他同意，黄金、白银不得外运。4 月 15 日下午，宋子文偕夫人张乐怡从台湾飞到厦门，乘小艇渡海到鼓浪屿，住进海滨旅社，向厦门要塞司令、市长等面谕蒋介石的指示，部署将国库黄金、白银劫运往台湾的事宜。宋子文于翌日上午 9 时乘原机飞往香港。如今，日历已翻过近一个甲子，但这几批国库黄金、白银是何时，又是如何密运到台湾的，至今没有解密。可以说，蒋介石运走了中国几乎所有的黄金。

今天，当我们走进这幢已经老旧的楼房时，仍会引起许多遐想。

附 注：

1. 密运黄金、白银事参见《厦门文史资料》第 21 辑洪卜仁先生的文章。

2. 据台湾编《毛泽东全传》载，黄金为 92 万两（另有 4200 两为蒋介石个人所有），美钞 8000 万元，银元 3000 万元。

3. 电视剧《中国命运的决战》称，黄金为 92 万两。

4. 国民党从大陆撤退前夕，蒋介石亲自下条子，要财务署长吴嵩庆将中央银行总库的全部黄金、银元以及外币提作军费运往台湾。黄金运台共分三批，1948 年 12 月 1 日为第一批，用海关缉私艇"海星"号从上海运到基隆，计黄金 80 多吨，白银 120 多吨。1949 年，解放军攻下武汉后，上海中央银行将 80 万两（29.5 吨）黄金和无数银元运至厦门，存放在鼓浪屿交通银行的地下仓库里，后用军舰运去台湾。还有三次用军机运送，最多一次运 13 万两，分装 13 个木桶。

李武芳别墅

　　走过日光岩山门，在林巧稚故居斜对面的山腰上，一座崭新的英式别墅，气宇轩昂、华彩焕发，与周围众多的老旧楼宇房舍形成鲜明而强烈的对比，这就是原印尼华侨郭春秧的别墅，现由台胞李武芳先生重修，应该改称为"李武芳别墅"了，现编晃岩路70号。

　　郭春秧，南安人，早年去印尼经商。他于1919年到厦门开设"大通行"和"锦祥茶行"，做茶叶出口生意，并投资房地产。他首先在日光岩南麓购地建造了这幢别墅，继而在黄家渡附近建了一条"锦祥街"，后因军阀战乱歇业，别墅空置。几十年风雨，别墅被白蚁蛀蚀一空，楼板屋顶倾圮，剩下山墙残瓦，成了废宅。

　　时光流逝，到了20世纪80年代，厦门开放后，众多华侨、港商、台胞纷纷在厦门购地置业。台胞李武芳先生买下了这幢破别墅，按"修旧如旧"的原则进行翻建。外部连拱连廊、挑檐檐线、立面钩栏均保持原貌，内部则全用钢筋水泥，加上现代豪华装修，使别墅变成了"金边、银角、金肚皮"，稳重大方又美观实用。

　　这次翻建，使用了多色花岗岩，尤其是以浅红色花岗岩石片贴面，不仅保持了原来的面貌，而且更加美观。廊内窗楣以黑色花岗岩点缀，颇显高雅；楼前的观景台，庭边的栏杆，用荒面的、磨面的"海沧白"、"南安白"装点，既有现代的纤巧，又有原始的粗犷；栏杆下墙沿处，种植藤萝花蔓，倒挂在墙沿上，

李武芳别墅

把别墅点缀得颇有浪漫气息。

站在拱廊或观景台上眺望，远处的南太武群山，黛墨深邃，烟雨空蒙；山下的屿仔尾、漳州港、中银开发区一览无余。大海宛如碧彩盘呈现在面前，盘中的浯屿、青屿和五个担屿一字排开，拱卫着厦门，挡住了太平洋的风浪。锚泊的巨轮，撒网的渔船，为碧翠盘增添了"佐料"，使厦门百万市民的生活更加富足。这幢别墅的地址是鼓浪屿的黄金宝地，说明当年的郭春秧和今天的李武芳都非常有眼力。

这幢别墅的翻建，为我们改造鼓浪屿、重修众多旧别墅提供了一个可资借鉴的例子，那就是"修旧如旧胜过旧"，使原来破旧甚至倾塌的别墅楼宇换了新颜，更加好看。那种不管风格、不拘形式的"四方盒"加钢碰窗的"鸟笼"建筑，该到摒弃的时候了，尤其是在美丽的鼓浪屿。

钢琴码头

厦鼓之间，原来没有专用的轮渡码头，商民过渡全靠双桨，舢舨、大舫、竹篙摆渡来往。1937 年，社会贤达倡议修建厦鼓轮渡，并于当年 6 月 9 日开工建设。厦门一侧建在中山路口的岛美路头，1976 年迁现址；鼓浪屿一侧建在原列强贩运华工的"猪仔码头"旧址。这个"猪仔码头"在 1894 年后作为英商"义和船行"的煤码头，叫作"义和码头"；后来又作为"永明肥皂厂"的货运码头，称为"雪文码头"（"雪文"为英语"肥皂"的译音）。1937 年 10 月 16 日建成轮渡码头后，租用小汽船作为渡轮，客容量不足 70 人，码头规模甚小，售票亭仅容 2 人售票。

钢琴码头

历史走过了 40 年，厦门发生了翻天覆地的变化，而横渡鹭江的小渡轮还是那条小木汽船，码头还是那个售票亭。每逢夏日好天气，许多人到鼓浪屿游泳，返回时码头上往往滞留数千人，临时动用驻军的登陆艇疏运，也得要四五个小时。1976 年，厦门市政府决定紧急扩建厦鼓轮渡，建造供售票和上下客的 100 多平方米的站房和能容纳千人的渡轮。

市政府要求市设计院尽快拿出站房设计方案，市设计院高级工程师杨章器生前告诉我，当时任务非常紧急，要求越快越好，他就在图纸堆里翻出一张某工厂仓库的设计图纸，面积刚好 100 平方米左右。可是在鼓浪屿建一个仓库形状的站房实在太难看，于是，设计人员赶工设计出好几个方案，经筛选确定两个方案择其一：一个是现代抽象派的"半拱顶方案"，一个是民族形式四坡四落水的"亭子方案"。讨论会上，两个方案争执不下，最后由设计院院长傅江南一锤定音，采用半拱顶方案。

半拱顶方案是林金益工程师设计的，当时也没有明确那就是钢琴，而是现代抽象派的小品设计。因为它在海边，可以说它像一粒贝壳、一卷海浪、一块礁石，当然也可以说它像一架钢琴。按林金益当时的想法，码头建筑首先应该与大海浑然一体，所以

把屋顶、百叶、挑檐均设计为蓝白色，很容易融入海天景色，使它成为进入鼓浪屿的第一个景点。原想设计成悉尼歌剧院那种薄壳结构的与音乐有联系的建筑，让进入鼓浪屿的游人首先感觉到鼓浪屿是音乐之乡。可当时，厦门还不具备建造薄壳结构的技术，且费材料，于是几经修改成现在那样的半拱形屋顶，向南开老虎通风窗，拱面还留下了三个连拱的痕迹；并将功能设计为旅客进出分流，互不干扰，互不交叉，便于管理；屋顶装设百叶，达到通风、吸音、不发生声音混响的效果，既轻巧、明亮、通透，又简练、活泼、大方，符合经济、美观、实用的原则。

这是一座颇具厦门亚热带建筑风格的码头站房。但是由于当时的经济条件所限，删去了原设计中左侧的安装电子钟的一根高杆，细部装饰比较粗糙，没有使用高档材料，厅内也无甚装饰，留下了一些缺憾。

站房建成后，厦门的文人们说它像"张开的三角钢琴"，是"琴岛的象征"；这种说法很快被全市人民所认同，也符合设计师的初衷。钢琴码头于是跻身于鼓浪屿建筑的百花园，成为进入鼓浪屿的第一景了。

番仔墓与音乐厅

鸦片战争后，西方的传教士、商人涌进鼓浪屿这个"适宜居住"又酷似欧洲南部某地的弹丸小岛，长居不去，以至终老。这些外国人去世后，就葬在今晃岩路口的一片荒坡地上，日久天长，越葬越多，以至于居住在鼓浪屿的除日本人以外的所有外国人去世后，几乎都葬在这里，形成了一个有相当规模的墓园，鼓

鼓浪屿音乐厅

浪屿人称其为"番仔墓",这里的地名也就叫"番仔墓口",也叫"洋墓口"。

1957年,英国梦想保住早已衰败的"日不落"大英帝国,出兵侵略埃及。埃及人民奋起抗击,关闭了苏伊士运河。厦鼓人民为声援埃及人民的正义斗争,群起捣毁了番仔墓。

1978年,厦门市政府决定在番仔墓旧址修建音乐厅,并公开招标设计,征求方案。一年后,市设计院、规划局等拿出12个方案并制成了模型。经专家评审,市设计院的"球形方案"因施工有困难,由林金益、陈植汉、张毓英合作设计的"椭圆形方案"中选,交由市新区设计院负责设计施工。1984年动工,耗资400万,于1987年竣工,后被评为一等奖。

音乐厅取代了数百座番仔墓,环境也进行了整理,满园绿化香化,色彩缤纷。这个往昔"洋鬼"出没的地方,成为音乐艺术的高雅殿堂,许多世界级音乐家、指挥家和艺术团体都来这里表演过,钢琴艺术节等许多演出均在这里举行,各方来宾对音乐

厅的音响设计甚为赞叹。

音乐厅的正门酷似张开的大鱼嘴，石阶是大鱼的下颚和舌头，瓦片算是鱼鳞吧，鱼尾巴已掉进隔壁的防空洞里去了。从形象上说，在鼓浪屿新建的楼宇里，音乐厅有它独特的模样，是一座颇具个性的当代建筑。椭圆形厅内设有 800 个座位，任何座位都能收到满意的音响效果，其音色之美、音谐之佳在当时为全国之冠。音乐厅曾放映过电影，效果也颇佳。

为适应鼓浪屿旅游事业的发展要求，近年又投资千万改建了音乐厅，取消了电影放映功能，增加了多功能钢琴房等，音响效果更佳，已成为全国一流水准的音乐厅，是鼓浪屿的一张名片。

龙泽花园

龙泽花园是一处多功能、集群式的现代豪华别墅群，是鼓浪屿别墅建筑中的新成员。它完全不同于鼓浪屿原有别墅的修建模式，而是以中外合资的方式修建，然后销售给国内外愿意久居鼓浪屿的人士。

龙泽花园遥对厦门鹭江道的海滨，面对轻如飘带的鹭江海峡，背倚厦门近代建筑的代表八卦楼，左邻三丘田码头，右依海底世界公园，占地 3 万平方米，原规划由 45 幢超豪华别墅、购物中心、旅游度假村、海上乐园、花园等组成，绿化覆盖率达40%，由市设计院及清华大学建筑设计院共同设计。

龙泽花园的投资人是菲律宾国际商业公司董事长王芳泽先生。他 1938 年出生于晋江金井，1958 年赴香港定居，1960 年到菲律宾创业，先当汽车修配厂徒工，后自己做汽配生意，很快在菲律宾工商界独树一帜。

1980年，厦门经济特区起步之初，王芳泽就来厦门投资，兴建了由17幢商住楼组成的"白鹭苑"。1988年，他出资4亿元人民

龙泽花园

币，与鼓浪屿区政府签订了兴建龙泽花园的协议。在开工典礼上，王芳泽表示要报效乡亲，将龙泽花园销售所赚的钱的60%捐给鼓浪屿的旧房改造工程。

龙泽花园别墅分8种款式建造，供居住者选择。外形为丹顶坡面，颇具欧陆风采，与鼓浪屿原有别墅建筑的风格基本协调，但摒弃了西欧建筑的连拱连廊、长窗小门、繁缛的外部装饰等设计，照顾到厦门的具体气候、季节、温差和居住习惯，充分利用建筑平面，采光上佳，通透性好，简洁明快，宽阳台、大厅堂，观景、休憩、会客俱佳，是颇符合厦门亚热带气候特征的别墅建筑。室内的现代生活设施一应俱全，公共服务设施十分到位，通信手段也甚先进，住户可在此尽情领略鼓浪屿的田园幽静，又能融入城市繁华，更可享受千姿百态、变化无穷的鹭江夜景。

日光岩寺

明清时期，厦门有四大名庵，它们是达中庵（即紫云岩），

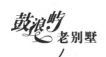

日光岩寺

荷庵（中山公园内，已废），鼓浪屿的瑞光庵（又名法海寺，已废），莲花庵（即现在的日光岩寺）。

莲花庵，初名"一片瓦"，始建于明正德年间；万历十四年（1596）冬重建，又名"日光寺"，并在寺内的石柱上镌四副"日"、"光"二字的冠字联。日光岩寺是从妙释寺分派而来的，属同安梵天寺派下，至今已历 47 世了。

清雍正年间，几个隐士于寺左建一亭名曰"旭亭"，今废，只留下一篇颇有文采的《旭亭记》刻在崖壁上。咸丰时，六湛法师来到日光岩寺主持寺务；至同治十一年（1872）三月，建圆明殿，祀弥勒，并在莲花庵前建一座八角亭，六湛法师书"日光寺"三字挂在亭上（此亭于 1959 年被台风吹倒），还在亭前建一大门，门楣上方嵌一方刻有"浴日"二字的青斗石匾。

民国元年（1912），清智法师来寺。1917 年建"三宝殿"（即今大雄宝殿），拆除了大门。1936 年年初，为迎接弘一法师来寺闭关休养，清智法师特地修了一间 30 平方米的房子供弘一居住，取名"日光别墅"。弘一在此住了约 8 个月，校点《东瀛四分律行事钞资持记通释》，写作《观音菩萨正文》（即《普门品》），日光别墅从此被称作"闭关楼"。

　　新中国成立后，于1954年拆除圆明殿，建"念佛堂"，并入南普陀寺。1960年失火，念佛堂被烧去一角，正果法师写信给原在日光岩寺后去菲律宾弘法的师父善楔法师，请其出资重建。旋即拆除了闭关楼、功德堂、祖堂等，重建了弥陀殿和僧舍。"文革"中，寺院被鼓浪屿电容器厂占用。1983年落实政策，归还给日光岩寺。至1994年，确定了日光岩寺的"四至"，总占地面积共2856平方米。

　　厦门创办经济特区后，日光寺得到了市政府的扶持，接受了海内外十方善信的捐赠。几年来，在该寺管理小组的主持下，翻修了三宝殿，新建、重建了两座山门及钟鼓楼、旅游平台、小卖部、法堂、僧舍和膳堂等，共耗资200多万元，整座寺院焕然一新。

　　日光岩寺范围较小，不像国内众多寺庙那样，按加减法建多进寺舍，两旁附有长廊庑榭、罗汉殿等，而是一座精巧玲珑的袖珍式寺庙，流光溢彩，鲜明亮丽。大雄宝殿、弥陀殿对合而设是全国唯一的。佛殿飞檐翘角，垂柱花篮，斗拱彩绘，琉璃映辉，一尘不染，宛如一块晶莹的璞玉镶嵌在巨石绿树丛中，琉璃歇山顶点缀在欧陆建筑的楼群里，中西文化交相辉映，颇显中华古建筑的风采，引来无数游人。随着旅游事业的发展，日光岩寺的名声将日益远播。

附：说卍

　　曾经陪客人游日光岩，见日光岩寺钟鼓楼窗棂中央有一个鲜艳的红卍字。友人说，这"卍"字写的时候可要认真，写反了就成为希特勒纳粹的党徽了。此类说法已听过多次了，实有澄清的必要。

卐，源于梵文，北魏菩提流支将其译为"万"，后秦高僧鸠摩罗什和唐代高僧玄奘译为"德"。长寿二年（693），武则天钦定为"万"。《翻译名义集》载，"主上（武则天）权制此文，著于天枢，音之为万，谓吉祥万德所集也"，从此，以"万"音"卐"沿用至今。

佛教中的卐是一种符号，是吉祥的标志，也是释迦牟尼的"三十二相"之一，它象征太阳或火，表示光明与吉祥。同样的符号，也可写成卍，那是为什么呢？

印度以右旋卐为吉祥，在礼佛、礼塔时要求右旋三匝。释迦三十二相中的第三十一相叫眉间白毫相，两眉之间有一白毫，成蛇蟠状并放光，此白毫就是右旋的。所以一般佛像胸口上的吉祥符号是右旋的卐，南普陀的释迦佛胸口上的也是右旋卐。但也有用左旋的卍作吉祥符号的，如唐译《楞严经》卷一就有"如来胸臆有大人相，形如卍字，名吉祥海云"的记载。左旋的卍作为一种符咒、护符、宗教标志或建筑图案，早在古代的印度、波斯、希腊以及中国都使用过。我国在新石器时代遗址中就发现过卍的图案，战国墓葬中也发现过以卍表示彗星刻在坐标上的图案。这比希特勒的德国国家社会党（纳粹）的党徽使用卍（德文"国家"和"社会"均以"S"开头，两个S相交就成了卍）早了几千年。

因此，卐与卍是同一的，可右旋也可左旋。在佛经中，左旋、右旋两种写法互用，唐代慧琳的《一切经音义》卷二十一中还认为应以左旋的为准呢。所以，它与纳粹党徽并没有必然联系。

菽庄花园

菽庄花园始建于1913年，是林菽庄的私家花园，20世纪50年代初改为公园至今。

林菽庄的高祖林应寅，祖籍龙溪白石堡，清乾隆年间赴台定居，开馆授徒，至林菽庄已历五代。林家因经营垦殖、盐业，积蓄甚丰，在台北建有板桥别墅即林家花园，林菽庄从六岁起就生活在那里。中日甲午战争时，其父林维源时任台湾垦抚大臣兼团防大臣。《马关条约》将台湾割让给日本后，维源率领全家返回祖国大陆，定居鼓浪屿。1905年，维源去世，林菽庄继承父业。

菽庄花园

1913 年为纪念台北板桥故居，选定鼓浪屿金带水之湄、草仔山之下的临海一面坡，仿照台北板桥别墅，参照江南园林风格，修建了菽庄花园，使花园既具江南园林的秀美，又兼闽南园林的亮丽。花园落成后，他花了一万银元的"润笔费"，请当时的大总统徐世昌题写了"菽庄"园匾。此匾已经遗失，现匾为罗丹先生手书。

林菽庄在不满十亩的坡上，凭借一个小海湾修建了十景，主体设计思想体现出"巧借"、"藏海"和动静结合三大特点，这是世界园林艺术中最有特色的艺术个性。他把临海的坡面、海湾里的礁石、涨落的海水，全部利用起来，围池砌阶，造桥建亭，使原本十分狭窄的一处小海湾，借四周自然美景为铺垫，变成涵纳大海、颇有层次、视野宽广的海上花园。走在四十四桥上，谁也不觉其小，只感到花园之大，面对辽阔的海空，顿时产生无限的遐想。这在中国任何一座城市、任何一个公园都是无法领略到的，只有在此才会有如此美妙的享受和情趣，这就是菽庄花园最诱人的地方。

林菽庄为取得突然见海的惊艳效果，把大海先"藏"了起来，一路走来不见海，到了花园门口甚至进入园门还不见海，待到转过月洞门，绕过竹林，突然"海阔天空"，大海奔腾骤至，引你踏海前行赏景观海，豪情满怀。据瑞士专家说，瑞士只有"藏湖"，而菽庄是"藏海"，手法十分独到，艺术构思十分巧妙。桥前百米处的海中还建有一座"观潮亭"，专门用于观海听潮；可惜亭被台风吹倒后，一直未见修复。

菽庄花园动静结合的艺术处理也颇独到：坡面上建一片假山，山里洞洞相通，让游客、孩子去钻玩，显出"跳动"的意境，而在近海处又建小亭小阁，可以垂钓，可供休憩，衬托出静谧的氛围，且海水涌动，长桥安卧，真是绝妙的动静结合的园林艺术。

为适应花园的配置，林菽庄把宴客的眉寿堂建造得小巧别致，采用中国古典重檐歇山顶，飞檐翘角，琉璃粉墙，淡雅高洁，与海色、山色、天色浑然一体。置身其间，品茗纵谈，吟诗赋词，举目就见汹涌激越的海浪，澎湃往返；远处的南太武，近处的担屿、青屿、浯屿，烟波浩渺，空蒙绰约，令人萌生无尽的诗意和留恋。眉寿，是菽庄的号。眉寿堂原为砖木结构，每年中秋前后，他邀文友、谊友、净友来此观海、咏菊、赏景，游宴酬答，乃"菽庄吟社"当年的一大盛事。近年因旅游业发展，眉寿堂重新翻修，有了较大的扩展，成了集饭店、茶室、购物等设施于一身的旅客之家。它与壬秋阁组成了风格统一的中国传统园林建筑群体，在碧海蓝天和欧陆建筑的映衬下，格外秀美。

四十四桥临波卧海，千波亭、渡月亭也甚小巧，仅容数人小憩赏景。"长桥支海三千丈，明月浮空十二栏"，意境甚为高远。小板桥酷似林菽庄台湾故居中的小板桥模样，纤巧灵秀，不像有的公园小景造得高大压抑，喧宾夺主。坐在亭里，走在桥上，脚下海潮奔逐，眼前海鸥翻飞，前方的日光岩、英雄山和临近的海沧、嵩屿构成了一幅动感立体画。这里是菽庄花园最佳的赏景处，也是林菽庄的得意之笔。

林菽庄，名尔嘉，1875年5月生于厦门带溪，是福建水师中军参将陈胜元第五子陈宗美的长子，乳名"石子"；1880年来到台湾板桥林家，取名"尔嘉"；1895年随父亲和全家定居鼓浪屿；1905年任厦门保商局总办、厦门总商会总理，发起建设厦门的电话、电灯、自来水等公用事业；清末因捐巨款晋升为侍郎；民国三年（1914），任全国参议院候补议员；1915年任厦门市政会会长，对厦门的城市建设多有贡献；曾连任鼓浪屿工部局"华董"14年。1937年"八一三"淞沪抗战时他从庐山去了香港，后隐于上海。抗战胜利后回台湾，1951年11月因感风寒突发哮喘去世，终年77岁。

幽静的漳州路

漳州路，起自鹿礁止于体育场，一段紧依大海，一段伸入市区，呈元宝状，是鼓浪屿秀外慧中、十分幽静的一条马路。

漳州路沿途有面对鹭江海峡的黄家欧式别墅，其清幽的氛围，虽经一个世纪的风云，至今仍保持不变。寓居于此，既能细听山林涛歌，又可见鹭江潮舒缓东去，是现代都市中理想的居家环境。

沿着缓坡上行，左边是皓月园，右边为黄奕住 1921 年创办的原"慈勤女中"，现为厦门市经贸系统的"干部学校"。皓月园是厦门创办经济特区后兴建的纪念郑成功的塑像公园，内有全

幽静的漳州路

国最高大的郑成功石雕像和厦门首创的郑成功挥师出征的壁面立体铜雕，在原"德记"贩人行的遗址上盖起的蓝色琉璃瓦亭台楼阁，极富民族特色，把洁白的石门石柱、繁花绿树、碧海长天，衬托得层次分明，是赏景的上好去处，同时会带给你无限的遐想。

往前就是"大德记"海滨浴场了。浴场临崖处近年新修了仿欧式建筑风格的饭店、休养所，这些建筑掩映在密林中，海浪、沙滩、蓝天、阳光、绿树、曲径，尽显出鼓浪屿独有的风物个性和南国情致。环岛路的内侧，最有特色的建筑要数现编 20 号的原英商汇丰银行经理公馆和鼓浪屿自来水管理处的两幢别墅建筑了。公馆为英式，约建于 1920 年左右，平顶红墙。自来水管理处的楼房为北欧风格，由林屋的设计者林全诚设计，约建于 1927 年左右。斯楼之美在其顶，顶为波折屋面，呈不等边，远远望去，宛如大花园里绽放的一朵红色郁金香。

转出"元宝底"，就见左侧墙内的原厦门海关副税务司公馆和查缉副税务司公馆（又称"大帮办楼"），现编漳州路 9 号和 11 号。两楼均于 1923 ~ 1924 年间改建成英式两层公馆别墅，历任副税务司均住在这里。近年经重新装修，供观海园旅游度假村使用。

再往前行，就是原"寻源中学"了。寻源中学始建于 1889 年，1925 年迁往漳州后，此处一直作为毓德女中的校舍。新中国成立后，曾先后作为厦门二中的高中部、厦门纺织学校、厦门外国语学校的校舍；现为音乐学校，旧校舍已拆除，建起了新校舍，成为音乐家的摇篮。

走过音乐学校，漳州路就呈下坡态势，高高的石墙上挂满攀悬的花枝和棒槌花，把马路装点得十分幽静。夏日过此，花香扑鼻，阴凉宜人，是鼓浪屿最典型的一段花园式小路。往下就是中西合璧的李昭以、李昭北兄弟的李家园了。紧挨着的是廖家别墅的黄土小巷，小巷西边就是原陈天恩牧师的别墅了。这两幢别墅

最有特色的是变异的柱式，闽南工匠们把古希腊柱式中国化，在方柱爱奥尼克涡卷下方堆塑浮雕花卉，塑成蝴蝶状，形成了十分美观的有中国特色的柱头装饰。再往右拐，就是林语堂、马约翰故居，出口处就是音乐厅了。

沿着漳州路一路走来，尽情欣赏鼓浪屿的风情，领略各式建筑的艺术风采，不失为一次美的享受。

近来，漳州路进行了彩灯装饰。彩灯光华映照下的老别墅显得端庄别致，与流动的鹭江水，霓虹闪烁的鹭江道、演武路，形成别样风情的海天美景。成双成对的情侣，忙碌了一天之后寻觅幽静的创业者们，在棕榈叶片下面对这人间仙境，能不萌发出澎湃的激情和明天事业的光明！

风云鹿礁路

19 世纪初，从鹿耳礁到轮渡码头还是一片浅海滩，那时出洋的"猪仔"，就是走过西仔路头登上那闷死人的"囚轮"一去不返的。1844 年，英国最先在这里建起了领事别墅后，德国、日本、西班牙也纷纷在这里修建领事馆、教堂、学校、医院、俱乐部，可以说鹿礁是鼓浪屿的领馆区。从此，这里就出现了西欧、东洋和哥特式、殖民地式的建筑，它以英国领事馆、西班牙领事馆、天主堂和博爱医院为典型。如今，德国、西班牙领事馆已不复存在，其余的风采依旧。

鹿礁路上中国人的建筑中，林氏府的"八角楼"颇负盛名，墙面多重线脚堆叠，窗楣装饰着欲飞的白鸽、含苞的蔷薇，透出巴洛克风韵。现编 7 号的"美园"，为 20 世纪 20 年代旅菲华侨

风云鹿礁路

惠安人黄世美所建,是一幢中西合璧、以中式为主的别墅住宅,红砖方柱,清静幽雅。36 号的许家园,约建于 20 世纪 30 年代,三层西式别墅,体量甚大,两根通高廊柱支撑着三楼宽敞的阳台,是颇有特色的大家族住宅。这种大体量的独座楼宇,在鼓浪屿建筑中是不多见的。

紧靠鹭江原西仔路头的几幢带有北欧风格的"海滨别墅",其坡折屋顶特别令人兴奋。有一幢不用嘉庚瓦而用水泥本色瓦,山墙上的半墙窗颇有个性,阳台和观景廊以及立面的平行线条也很有风采,整个形体在鹭江波光的映衬下甚是朴素大方。它前后的几幢也各有个性,各呈风采。尤其是 113 号依地形建成曲尺形别墅,向阳听潮,灵巧别致,色调和谐,装饰秀丽,其门楼、窗楣、廊柱上的风铃雕塑特别细腻,宽廊也富有韵律,廊柱双柱并立,柱头涡卷成蝴蝶状,柱身上部采用印度式叠涩角,一派西欧建筑风采。这里的别墅住宅,最诱人的特点是丽日蓝天,夜卧波涛。晨曦薄雾,阳台远眺,海天浩渺间,清爽的空气伴你度过紧张的一天;入夜,鹭江上的灯光映出无数条彩练,随着舒缓的潮韵闪烁跳跃,似梦如幻,那有节奏的涛声,催人入眠,带走你一天的疲劳,真是难觅的高尚居所。

鹿礁路是鼓浪屿拥有多种建筑风格的一条街路，同时也是一条风云变幻的街路，100多年里这里曾演绎过厦门近代史上的许多重大事件。今天再看那些建筑，自然会令人想起厦门人民抗争了43年才得以解决的"海后滩事件"；想起当年为保卫主权，厦门人民用粪扫赶走了强划虎头山为租界、捕杀拷打我人民群众的日本侵略者。现在去原海滨旅社走走，似乎可以看到不可一世的日军中将俯首投降的情景；走过原日本警察署，似乎还能听到爱国者的呼号；那锚泊着机帆渔船的海边，虽然已见不到当年的"猪仔码头"，但还依稀能感觉到"猪仔"们闯世界走向海洋的脚步声。

秀美的田尾

田尾，顾名思义乃农田之尾，位于鼓浪屿东南部。这里原为一片农田，19世纪初开始，逐步开发为别墅区。其环境特点是：由左右两座小土丘夹护，青龙白虎强而有力，前有大海以通洋，后有大宫以镇锁，畅达而稳固，真可谓是岛上最佳的"风水宝地"。难怪鸦片战争以后，洋人首先相中了它：英国人在青龙之首建造公馆，丹麦人在白虎之头设立电报局，双双都发了"洋财"。继而厦门海关税务司在白虎之背脊收购英国船长的别墅，改建成吡吐庐；又在青龙之脊建了两座副公馆，在大宫后建验货员公寓，尽抢风水之枢，占尽了好地。外国人掌持厦门海关100多年，不知卷走了多少银两！

嗣后，美国归正教也进入田尾，建造了多幢欧式建筑，开办女子小学、女子中学、妇学堂、怜儿堂，宣传"福音"。法国选定紧挨着丹麦大北电报公司的地方设立领事馆，私自敷设鼓浪屿到其殖民地越南海防的海底电缆。各国领事和洋行老板们为方便联系，在田尾新建了"万国俱乐部"，将原在鹿礁的俱乐部迁至田尾。一时间，田尾成为洋人、名流、富绅的休憩天堂，成为他们风云际会的交际场所。

秀美的田尾

房地产商看到了田尾的优越条件和美好前景，竞相购地建房，没几年就建起数十幢西式别墅供洋人租住。法国领事馆就是租用黄仲训建的别墅（已废）；黄奕住购得大北电报局经理的住宅后，改建为"观海别墅"，在别墅的前面添建了观海台和游戏迷宫。田尾，是欧式建筑的荟萃之地，为我们留下了一笔建筑艺术的财富。

田尾欧式建筑的特点，最主要表现在其田园乡村风味。每幢楼之间，有宽广的空间、绿地、花圃，互不干扰，十分幽静，是创作、休养的绝佳地方。这种田园乡村风味至今犹存，在车流如潮的现代大都市里，有这么一处如此幽静的闲适空间，是十分难得的。也正是有了这一特点和大海的妩媚，新中国成立后，这里很快便开辟成高级干部的休养地，吸引了全国众多的高干到此休养。

田尾欧式建筑的另一特点，就是它的形式多种多样，而不是

千篇一律。公馆、民居、学校、休闲场所、俱乐部各有形态，柱式、门窗、屋顶、走廊以及色调配置等各有风采而又恰到好处，真令人赏心悦目。

鼓浪屿建筑的门楼

鼓浪屿的别墅，除考究的布局、结构、装饰、绿化、给水系统外，大都有一个颇有特色的门楼，现存约500座。这些门楼有的集古希腊柱式、欧洲雕塑于一体，有的股弦线条勾勒匀称，加以飞檐斗拱烘托，熔中西建筑文化于一炉，均不失为一件艺术品。

门楼一般分正门和边门，正门大多装有钢质雕花铁门，不常开启，多在节日喜庆时开放；边门设于同一门楼两侧，供日常进出。也有的门楼不设边门，而在另处开一单扇小门以供日常出入。

海天堂构门楼

欧式门楼　　　　　　欧式门楼　　　　　　欧式门楼

　　门楼的楣上一般有浮雕装饰，浮雕中塑有别墅建造的年份和某某庄、某某庐、某某衍派等雅名，以说明别墅主人姓氏的堂号、灯号，一看便知主人姓什么、属何郡，也可由此窥见主人的身份，这与江西庐山的别墅颇有相似之处。可惜大多已被铲去文字，留下一个空框或几堆泥粉涂掩的痕迹，颇有点沧桑感。

　　门楼的艺术设计和装饰大多沿袭 18、19 世纪欧陆建筑的风格，喜欢借鉴欧洲文艺复兴时期的建筑样式，将古希腊三大柱式

番婆楼门楼　　　　　　金瓜楼门楼　　　　　　亦足山庄门楼

英式照明灯门楼　　　　　　欧式钢花门楼

和盾形浮雕、缠枝花卉等广泛装饰在门框上，与主楼和谐统一，形成完整的艺术形象。这种门楼占鼓浪屿现存门楼的多数，尤以鸡山路、鹿礁路、福建路、安海路、笔山路上的门楼最具代表性。

　　由于别墅建筑的施工人员多系中国人，中国的设计师和工匠们在实践中领略了欧陆风格的艺术，于是，在承建别墅时，把中国传统装饰手法巧妙地移植到西洋建筑中去，把长城城墙、飞檐斗拱、龙凤须弥、宫殿装饰、闽南石雕、彩绘彩塑等传统古典艺术也运用于门楼中，个别的甚至在顶部雕塑我国古典文学名著中的人物群像。这是中华文化渗入西欧艺术的一种尝试，也是欧陆风格在鼓浪屿建筑艺术上的延伸和发展。两种文化互相渗和、相得益彰，这在海天堂构和金瓜楼的门楼上表现得淋漓尽致，十分典雅。

　　时代孕育艺术，艺术表现时代。鼓浪屿别墅门楼也不例外，它既表现了主人所在国家的风格，又反映了那个时代的特征。只要看一看正门上的铁雕花，我们便能体会到18、19世纪欧陆建筑的风采，这可以在《悲惨世界》中巴黎圣母院的建筑上看到。正如今天厦门公寓住宅的防盗门，不也表现了当今的时代特点。

　　不过，有的门楼不见那种夸耀的豪华，而是简洁明了。如福

欧式门楼

建路上原电灯公司的门楼，只是两根石柱，顶上架一弧形钢架，中央悬一盏四向透明的夜明灯。这种灯在法国许多古典影片中时常出现，《茶花女》中玛格丽特乘马车经过的街坊上也有这种夜明灯。别看它

179

形状简陋，可它代表了一个时代。这个时代虽早已逝去，灯架也锈蚀断残，但人们每次经过它面前时，都不禁会勾起对帝国主义列强用大炮轰开国门那个时代的屈辱的沉思。

鼓浪屿建筑的柱式

20世纪二三十年代，在鼓浪屿的建房高潮中，据"工部局"年报统计，仅华侨就建造了各式楼房、别墅1000余幢。这些楼房、别墅的设计者有的是外国人，有的是中国人，也有的人从侨居地带来图纸按图建造。那时，外国人的设计崇尚复古，多使用古希腊柱式装饰楼宇，中国工匠竞相仿效，依样画葫芦，

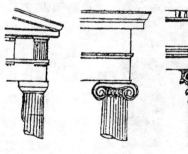

陶立克式　　爱奥尼克式　　科林斯式

陶立克柱式

爱奥尼克柱式

科林斯柱式

爱奥尼克柱式

爱奥尼克柱式

梅花爱奥尼克柱式

太极爱奥尼克柱式

进而发挥创新，从而在鼓浪屿建筑上形成百花争艳、绚丽多姿的局面，出现了中西文化撞击而迸发出的异彩。

如今，在鼓浪屿所有的别墅上，几乎都存在着古希腊的三大柱式：陶立克式、爱奥尼克式和科林斯式。陶立克式比爱奥尼克式略晚一些出现，科林斯式则产生于古典时期的末期和罗马帝国时代。

鼓浪屿别墅使用最多的是爱奥尼

西班牙绳柱

爱奥尼克双柱式

克式，陶立克式则以八卦楼的廊柱最为规范，简洁凝重，洗练大方。爱奥尼克式随处可见，而且经中国工匠之手发生了变异，大多在旋涡卷起的下方添加花卉、托叶。也有人称它为"复合式"，甚至在柱头上端再加装饰，使廊柱更加美观。有的为了美化，将梅花浮雕刻在柱头之上，特别雅致。更奇特的是在爱奥尼克柱头上方塑雕八卦太极图，既有古希腊的风采，又表现出华夏文化的内涵，十分庄严；这可以说是中西文化巧妙结合达到了新高度，也是中国工匠对古希腊柱式的突破和发展。

科林斯式的繁枝茂花基本类同，以杨家园的柱头最具代表性。唯原美国领事馆的廊柱一改古希腊的格调，采用百合花瓣型饰，叶片修长纤丽，叶尖轻轻外卷，十分俏美，人见人爱。

在鼓浪屿别墅上，还可以发现中国工匠独创的柱式，用吉祥兽面代替繁枝茂花，将

蝴蝶柱式

风铃柱式

双麒麟柱式

古希腊柱头换成一对中国玉麒
麟，兽面形象夸张，额头、眼
鼻、胡须特别生动可爱，上端还
塑了一对跳跃的松鼠，双柱、双
面、双麒麟、双松鼠，中国传统
文化跃然墙端，十分美观。还有
的在一个墙面上同时使用三种柱
式，同时夹杂中国栏杆、陶质瓶

陶立克柱式

件托起法式柳条隔墙，怪有意思的，但稍显芜杂，加上房屋年久
失修、破旧不堪，面目就更加不整，只是时间留下的陈迹而已。

鼓浪屿建筑的窗

当你漫步在鼓浪屿的小巷里，不难发现所有别墅楼房的窗是
不一样的，一座楼一种窗，一幢别墅几种窗，不像现在的"千楼
一窗"。而且，窗套、窗棂、窗饰有西欧的、美洲的、东洋的、

哥特式尖形窗

殖民地的、中国的样式，更多的是中西混
合型的；从外形看，有尖拱的、圆拱的、
落地的、半墙的，有百叶的、双层的、彩
色的、素色的，有自然的、象形的，千姿
百态，与别墅楼房匹配得和谐美观，散发
出中西方文化的艺术魅力，给人以美妙的
艺术享受。

窗，对于一座楼房、一幢别墅来说，
宛如人的眼睛是心灵的窗口一样，它是别

铁锚窗

猫头鹰窗

剑客脸庞窗

墅楼房的灵魂窗口。所以，窗设计的好坏，直接影响到别墅的美观。

剑客脸庞

英领馆的落地长窗、天主堂的尖拱海棠窗、林氏府的浮雕巴洛克窗，以及"新娘轿子"观彩楼上的白玉花岗岩剑客脸庞荷兰窗、杨家园瓶柱装饰的英式窗，都极有艺术个性，起了画龙点睛的作用。这些窗的"心灵表白"，都代表了那个时代的建筑艺术风采，也是那个时代留给我们的宝贵财富。

观彩楼是按荷兰的设计图纸建造的，它的窗和柱是别墅的装饰精华。窗套全系白玉花岗岩经手工细琢，窗楣上浅雕一欧洲剑客（火枪手）的脸庞，又巧似中国乡村民居铺首的形象，只寥寥几笔，脸庞、铺首十分神似，艺术手法简洁老到，又十分美观高雅。这个窗雕之精美，是所有别墅都望尘莫及的。

中华路上一幢别墅的窗酷似铁锚和猫头鹰，铁锚的泥爪和绳鼻来自生活，猫头鹰的两只眼睛和尖嘴构筑得惟妙惟肖。走过它的身旁，人们总会回首张望。

安海路的西欧小筑，是一幢百年教士住宅，它用柳条木隔成

北欧风格窗

柳条木窗

北欧风格窗

门和窗，装在廊的外沿，以挡避风沙和阳光，西欧古风至今尚存。这种形式的窗，鼓浪屿现存的已不多了，引来外国游人的驻足久视。

杨家园忠权楼的英式窗，富有艺术美，也颇具观赏性。楼的正面、侧面，一楼、二楼的窗，都不一样，窗套有尖拱、圆拱的，窗棂分为长颈瓶、短颈瓶，雕塑甚为精美，真是一件艺术品。

林氏府八角楼的窗楣、窗套上塑制白鸽天使和缠枝蔷薇，把别墅装饰得十分古典，这种装饰在法国电影中时常能见到。

此外，番婆楼的院墙上有三个漏窗，塑有蕉叶和佛手，这是鼓浪屿别墅中少见的漏窗。在台北板桥"林家花园"里，也有装饰秀美、造型雅致的漏窗；而在江南的苏州、杭州，漏窗各式各样，随处可见。用漏窗装饰别墅，可以营造出一种文化氛围。

英式窗

英式窗

风铃英式窗

鼓浪屿建筑的廊

鼓浪屿别墅大多有一个走廊，辅以圆拱、平托、圆柱、方柱、八角柱、凹槽柱等，把别墅打扮得分外娇娆。

廊，有单面、双面、三面和回廊之分。

单面廊一般设在楼的正面，大多与客厅相接，可以接客、纳凉、观景，这种设置非常普遍，以杨家园和李清泉容谷别墅的最具代表性。

双面廊大多设于别墅的震、巽、离即东、南、东南方位，以适应厦门的气候和地理环境，夏可纳风，冬可吸阳，以番婆楼的最为典型，连拱长廊，巧以清水红砖密缝勾勒，既轻盈又纤丽。

三面廊则设于正面和左右两侧，背面不设廊，以大宫后验货员公寓、观海别墅、汇丰公馆的最为典型。验货员公寓的廊特别宽敞，活动空间广阔。观海别墅和汇丰公馆的三面廊最有特色，为达到宽广的视角要求，墙面都设计为钝角，把视角放大到最大限度。处在廊内，前者能把九龙江、鹭江的出海口和外围的担屿、青屿、浯屿的海空，统统纳进怀抱；后者可以把东渡港、筼筜港、嵩屿以及周边的海域尽收眼底，尤其是夜赏"筼筜渔火"，一览无余，渔火闪烁跳跃，海风徐徐，不正是人间仙境！住在这样的别墅里，胸中的天地肯定会大些、宽些。可惜的是廊已被封堵，筼筜海也已消失，渔火变成了霓虹，世易时移了。

回廊则以八卦楼和黄家花园中楼的最有特色。八卦楼有82根大圆柱排列在四周，最粗的直径近一米，人行廊间，顿觉其伟岸壮观，气魄非凡。中楼的回廊铺意大利白玉大理石，廊柱剁斧

陶立克柱式廊

纤巧，柱间挂丝绒长幔把走廊围起来，人在其中可以看到楼外的人，楼外的人却看不到幔内的活动。北廊特别宽敞，实际上是一个议事厅或宴饮厅，宾客在此觥筹交错，纵论天下大事，同时倾听幔外林中的蝉鸣和鸟语，十分舒心。"四人帮"垮台后，中宣部原副部长周扬在此廊接见厦门文艺界人士时，促膝而谈，气氛随和轻松，从而引发了他对文艺如何接近生活、文艺应讴歌时代的一篇宏论。

鼓浪屿建筑的屋顶

鼓浪屿建筑的屋顶，独具风采，异彩纷呈。登临目光岩顶四顾，在参差错落的山坡上，在苍翠欲滴的绿林中，坡屋顶上橙红的嘉庚瓦分外显眼，色彩鲜丽而有层次，各具个性而又和谐，构成了独特的风景线。最突出的要数八卦顶、金瓜顶以及林屋的北

欧顶、观彩楼的花轿顶、天主堂的哥特顶、日光岩寺的歇山顶等。

八卦楼，是鼓浪屿的标志性建筑，在三楼八边形平台上置一直径

八卦顶

10米的红色圆顶，不论海轮出入还是飞机往返都能看到它。这个顶是模仿伊斯兰教最古老的建筑耶路撒冷阿克萨清真寺那个石头房圆顶建造的，因有8道棱线，故称"八卦顶"。它矗立于鼓浪屿中部，傲视云天，与日光岩形成和谐的对景，如今又打上夜景灯光，更显妩媚。

哥特式尖顶

金瓜楼是鼓浪屿别墅群体里比较漂亮而有特色的一幢，除其外墙的雕塑装饰、与众不同的门楼和中西合璧的形体外，顶上那两个"金瓜"十分突出，行家说它是罗马式的，但瓜棱蔓延出的缠枝春草四向

金瓜顶

歇山式屋顶

飞卷，似更具中国传统。关于"金瓜"有诸多解释，但瓜络绵延、吉祥其长最为贴切。现在，金瓜楼已不再是鼓浪屿独有的了，在厦门塘边康乐新村前面也有一幢楼房屋顶塑造得酷似两个金瓜。

林屋的北欧坡折顶，透过柠檬桉看去，白色的树干与橙红的屋顶红白相间，对比强烈，十分秀美。设计者用心地在坡折屋面上巧妙地开启突拱半月窗、观景廊，形体优美，真是一曲凝固的音乐。林屋的设计师林全诚还将漳州路自来水管理楼的屋顶设计成神似一株含苞待放的红色郁金香，亭立于一片绿荫里，恰似一个温馨的音符，引来无尽遐思。这两幢建筑的设计构思是一脉相承的，都在屋顶上下了一番功夫，至今令人百看不厌。

笔架山顶的观彩楼楼顶，又另具一番特色。该楼是按荷兰工程师带来的图纸施工的，其顶酷似中国的花轿顶，故称"新娘轿子"。设计者巧妙地利用顶层，把女墙做成居室的外墙，变形为弧形曲线，使楼顶具备了居室、天台、客厅三合一的多功能用途，构思独到，美观实用。

天主堂是厦门地区唯一的一座哥特式教堂，其前庭使用高耸

平 顶

的尖形塔楼，层层叠叠，庄严肃穆，又一身素白，在绿荫里颇显个性，不失为鼓浪屿建筑中一个独特的艺术品类。

在鼓浪屿众多欧式建筑的屋顶中，中国传统的歇山顶杂陈其间，也颇为出众。日光岩寺和菽庄眉寿堂的琉璃歇山顶，清雅高洁，相映生辉，透出中国建筑的民族特点和艺术灵气，代表了中华民族的文明，在世界建筑之林中有着不可替代的地位。特别有艺术风采的是海天堂构的中楼，它在歇山顶的前部走廊中间又建了一个重檐攒尖顶的亭子，非常美观。这可能在全中国也是唯一的，是建筑艺术上的一种突破。

鼓浪屿建筑的庭园

鼓浪屿的别墅都有一个庭园，有大有小，有深有浅，大多按主人的爱好修建，也反映出主人的文化素养和审美标准。有的庭园把别墅衬托得幽静高雅，有的则简单粗俗。许多别墅的庭园至今仍然保留着当年的气韵，人们往往赞美庭园比赞美别墅本身还更甚。

黄家花园的庭园范围颇为宽广，三幢别墅点缀于古榕、青榆、枣树、刺桐、香椿、腊梅、香樟、芙蓉、修竹之间，构成了幽雅的环境。尤其是中楼前的内花园，雕琢得颇具时代化，置身

黄家花园庭园

于二楼阳台观景、晨练、纳凉，是一种颇有意趣的享受。当年还能看到洋人球埔上的球戏，现在则可观赏足球赛、运动会。新中国成立后，这里一直作为宾馆，庭园仍不感逼仄。

李清泉别墅的庭园以人工造景为主，可称得上是鼓浪屿人工造景的代表作。一进门就是水泥峭壁假山，山上修了观景亭，嶝道盘旋而上，可以远眺厦鼓海峡风光，并有居高临下的伟岸感。园内水池是西洋风格的，四周曲径铺人工打制的彩色花岗岩卵石，组成美丽的图案，为别墅增添了美感，显示了主人的匠心。最为引人注目的是那五株高大挺拔的南洋杉，杉尖超过别墅而刺入蓝天，在厦门渡头就能看见，据说它与别墅同龄，且有李清泉父子经营木材发家的象征。

林氏府的后花园，是鼓浪屿的别墅庭园中文化氛围最浓的一处。菽庄出身于官宦富绅的书香门第，林家的台湾板桥别墅便是一座档次极高的园林。他随父定居鼓浪屿后，其父维源就精心构筑新居的后花园，除自赏外还邀友共赏，颇为繁盛。随着时代的变迁和人事的沧桑，如今莲池已涸，水榭已废，月牙亭只剩几根残柱，当年的小香樟和飞来攀枝花都长成参天大树，整个花园满地荒草，寻不到当年的繁华了。倒是邻近的黄荣远堂，其水池假山、亭榭花径，如今虽已陈旧，但模样依旧，仍能领略到当年主人呼朋唤友的热闹气氛。

　　杨家园庭园的假山还在，树木扶疏，多项生活功能设施一应俱全。当年，鼓浪屿没有自来水，只能依靠地下水，所以家家打井，用以饮食、盥洗、冲凉、浇花、消防、冲厕、洗地板，夏天游泳归来冲洗都用井水。杨家园除挖有水井外，还在别墅的天台和底层建有大水池，蓄积雨水以备用，这是鼓浪屿别墅中供水系统最齐全、最先进的，在今天也可算是高水平的。

李清泉别墅容谷庭园

鼓浪屿建筑的陪楼

　　鼓浪屿的许多别墅，通常是一个大家族的聚居之处，又往往是几代人合族而居的群居地，单门独户的"单元房"是不够容纳的。尤其是华侨在侨居地发了财，到鼓浪屿建造别墅住宅，将世居在祖居地的亲人迎来团聚，脱离农家田园环境，过起城市寓公优裕的生活，加上别墅范围甚大，花园、卫生、日常生活、婴孩扶养、房产管理、账房总务等等，都需要雇人料理，因此，许多别墅在建造时就附建了一幢附属建筑，供佣人们居住，贮藏室、厨房、卫生间等均齐全，这叫"陪楼"。从外形看，陪楼与

黄荣远堂别墅陪楼

林屋陪楼

主楼浑然一体，没什么两样，而其内部装饰、用料却全然不同，表现了主仆等级关系的森严。这种主仆分居的建筑设计，也有利于保护家族活动的私秘性。

杨家园的陪楼附于主楼后侧，其窗型、柱式、坡顶等的形式，均与主楼相同，而室内用料就截然不同；陪楼地板只铺红砖，房间也甚窄小简陋，厕所卫生设备与主楼相去甚远。两相比较，透露出主仆之间的区别。

有的陪楼外形上虽与主楼匹配，其内部装饰却十分简陋粗糙，与一般民居不相上下；有的陪楼虽然低矮，外形与主楼也不甚相衬，但主人把陪楼的位置和主楼、花园整体结构的关系统一起来考虑，配置得相当合理，具有别墅群体建筑艺术的完整性，不失为建筑设计的高手，这以黄荣远堂别墅为最佳；有的别墅不专设陪楼，而依地形落差巧妙地将其移至地下，使主楼成为一幢完美的建筑，佣人们则住到地下室，听候主人使唤更为方便，这以殷宅为典型。

陪楼，作为那个时代的特殊产物，今天已经发生了变异，现在的别墅设计更为合理、美观、实用。但这些陪楼为我们研究鼓

浪屿 18、19、20 世纪的建筑艺术和民居民俗提供了实物证据，也为我们研究那个时代的阶级关系提供了依据。

鼓浪屿建筑在门楼、柱式、窗户、走廊、屋顶、庭园和陪楼七个方面为我们提供了"样板"。那些富有艺术个性的作品，是前人留下的不可多得的宝贵遗产，其中丰富的内涵值得认真探讨，并有许多东西可以继承和借鉴。作为厦门人，应以拥有这份遗产而自豪，更应该使它发扬光大，追随时代的脚步前进。

鼓浪屿老别墅的厦门装饰风格

（一）

鼓浪屿，是厦门西海中一个不足二平方公里的小屿，宋代开始有人在屿上定居，明末民族英雄郑成功屯军屿上，训练水师。1840 年鸦片战争后，西方人开始在屿上居住，建造欧式别墅，先后有 18 个国家在鼓浪屿设立领事馆或领事机构和开设洋行，并以此为基地贩卖人口。随坚船利炮而来的传教士，在鼓浪屿"传福音"，开展现代教育和医疗活动。他们在鼓浪屿建造了相当数量的领馆、公馆、洋行和教堂、学校、医院等公共建筑，大多为欧式或殖民地式。大约在同时，闽海关厦门正口（通常称厦门海关）在鼓浪屿建造了一批建筑，作为它的职能部门的办公地大多亦为欧式或殖民地式。1895 年台湾割让给日本后，一批台湾的官宦望族避居鼓浪屿，建了一批住宅别墅。1902 年鼓浪屿成为十多个国家领事共治的公共租界，由领事团操控的工部局管理行政公共事务，从而造就了半殖民地环境、国际化的社会环境与独特的空间环境，使鼓浪屿成为 20 世纪初闽南地区较少受时局动荡影响的安全岛，由此吸引了大批闽南富商、华侨和文化艺术精英群体来屿上居住，建造了数量众多的住宅别墅，形成了独特而多元的鼓浪屿精英文化。

在公共租界管治下，鼓浪屿形成了中国近代特有的现代化管理体制，建设了一批近代化的学校、医院、通讯、银行、邮电、休闲娱乐等设施，建立了近代全闽南地区最好的教育、医疗机

构。在华侨住宅别墅的建造和公共建筑的建设过程中，创造出融合了外来及本土不同文化元素、建筑技术及工艺的独特的近代建筑风格。这时的鼓浪屿，不仅作为闽南地区中西方商人、海关高级职员、西方传教士及华侨文化精英的居住地，而且也是闽南地区中西方人口交流、信息传递的中转站。这一时期为使中西交流、文化融合而发明的"闽南白话字"和早期的汉语拼音，在鼓浪屿首先发展和推广起来，使近代教育能在鼓浪屿得到普及，鼓浪屿成为近代文化在本地及周边传播的桥梁。1941 年太平洋战争爆发后，鼓浪屿进入日军专制时期，多元文化受到摧残。1945 年日本投降后，鼓浪屿曾短暂出现过华侨投资建房热潮，但只是昙花一现，没有形成气候。

中华人民共和国成立后，前 30 年内，由于港口被封锁，为解决居民的生活出路，一度借用少许别墅和教堂兴办街道工业；原住居民中许多华侨出国投亲去了，遗下别墅住宅由房管部门代管，住进了机关企事业单位的职工。20 世纪 60 年代中期起，国家把鼓浪屿一些高级别墅装修成国宾馆、疗养所，接待过众多国家政要和各省市的领导到此疗养。同时，军队也在岛上开辟疗养院。鼓浪屿成为中国环境最优美的疗养胜地之一。这也使鼓浪屿的城区发展基本保持了原有规模和形态，鼓浪屿整体建设规模得到了较好的控制，为鼓浪屿整体风貌的保存奠定了良好的基础。

（二）

改革开放给鼓浪屿带来了春天，从疗养而发展成旅游的热度天天在加温，游客的目标是观赏散落在屿上的 1500 多幢各式别墅和优越的人居环境。20 世纪 80 年代厦门市政府开始关注鼓浪屿整体风貌和鼓浪屿上历史年代较早的文物古迹的保护。搬迁屿上的工业设施，控制人口，只出不进，以保护鼓浪屿整体的城区空间结构和肌理；对 19 世纪至 20 世纪初特定历史时期建成的 1500 多幢历史风貌建筑进行梳理、调研、测绘、认定，制定出

《鼓浪屿历史风貌建筑保护条例》，认定 308 幢重点历史风貌建筑和一般历史风貌建筑的保护名单，规定了不同级别的保护管理措施；在 100 多幢风貌建筑上挂牌公示，号召单位或公司"认养"鼓浪屿风貌建筑；拨付专款对急需抢修的 45 幢别墅进行修缮。鼓浪屿别墅建筑从此进入了有章可循的管理阶段。

鼓浪屿历史风貌建筑大多在百年以上，又是砖木结构，损坏严重，亟待维修。可别墅主人大多在海外，他们已是原主人的孙辈，现在都有自己的事业和良好的居住条件，不愿意回鼓浪屿修缮祖上留下的别墅。这样，一年一年拖下去许多老别墅成了危房。不少别墅的继承人众多，谁也不愿承担维修责任，使老别墅空置，也成了危房。还有许多产权不清甚至找不到产权人的别墅，使鼓浪屿老别墅的保护失去了目标，成了新的难点。于是，2008 年，厦门市政府对《鼓浪屿历史风貌建筑保护条例》进行了修正，对风貌建筑的所有人、管理人、使用人分别作出保护的具体规定，不仅可认养，还可出卖、赠与和出租，这就提高了可操作性，使鼓浪屿的历史风貌建筑的管理保护更加规范。

2008 年厦门市经过认真的综合考评，决定启动鼓浪屿的"申遗"程序。北京的申遗专家在听取汇报、现场考察后，认为以整个鼓浪屿 kulangsu（闽南语）来申请世遗颇为恰当。因为鼓浪屿是一个完整且保存特别完好的城区历史景观，它在整体空间结构和环境，建筑类型、风格形态、装饰特征方面，都可称得上是亚太地区甚至世界范围，在多元文化共同影响下发展、完善的近代居住型社区的独特实例。

（三）

如何认识多元文化中的鼓浪屿的建筑类型、建筑风格、建筑形态及其装饰特征呢？我在《鼓浪屿建筑丛谈》（鹭江出版社 1997 年版）一书中提出，鼓浪屿建筑有 7 个特点：每幢别墅都有一个欧式门楼，大多使用古希腊柱式，有各式漂亮的窗，都有

单面、双面、三面或回廊，使用坡顶圆顶平顶和坡折顶，大多有一个私家庭园和陪楼。

在申遗认证中，京城的专家认为，20世纪20～30年代，鼓浪屿的华侨洋楼建筑达到高潮，华侨洋楼是由此前作为鼓浪屿近代建筑主流的外廊殖民地样式脱胎而来，发展出一种华美的新风格。当时正是国内外建筑界新艺术运动收场，古典复兴，装饰艺术风格大行其道的时期，鼓浪屿的华侨洋楼也深受其影响。中国国内经历西方列强的压迫以及辛亥革命后社会在思想的震荡之后，民族主义在华侨与地方富绅中产生了积极深刻的影响，这种影响也表现在他们建造的别墅上。因此，这一时期的鼓浪屿华侨洋楼大都呈现出一种注重现代装饰表现与民族、地方装饰题材相结合的独特建筑风格。对东亚近代建筑史颇有研究的日本学者藤森照信称之为 Amoy-Deco（来自法语 Decoratits，意为装饰）厦门装饰风格。北京的专家认为，厦门装饰风格的华侨洋楼以鼓浪屿最为集中，最具代表性，并影响辐射到闽南地区其他城市。

厦门装饰风格的华侨洋楼有以下特征：

1. 中西混搭的建筑装饰风格。其中结合了西方古典建筑元素、现代装饰艺术风格以及民族性、地方性的装饰手法及题材。

2. 因地制宜的自由平面布局。其不仅增加了外廊（东南亚和中国闽粤地区称"五脚基"）的进深和高度，屋顶也大多由外廊殖民地建筑常用的坡屋顶增设为屋顶平台，给建筑带来更多的凉爽适宜的空间。

3. 近代厦门地方特殊的建筑工艺，包括具有本地特色的红砖清水或密缝砌筑技术。此外，20世纪初从日本经台湾传入的洗石子技术，也与本地传统的"剪粘"等工艺相结合。因为这一工艺施工便利、经济、美观，在鼓浪屿华侨洋楼的外装饰工程包括大门门兜和院墙上广泛得到应用，这些要素也是构成厦门装饰风格的特征之一。

4. 以洋楼为主体，附属建筑与专属庭园组合的形式。洋楼

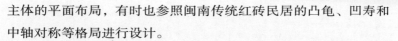

主体的平面布局，有时也参照闽南传统红砖民居的凸龟、凹寿和中轴对称等格局进行设计。

　　厦门装饰风格洋楼别墅在鼓浪屿的流行，反映了华侨、士绅阶层对其代表近代和西方化文明地位身份的确认，也反映了他们试图在全球化进程中借助民族主义表现自身的存在。

　　除厦门装饰风格的洋楼以外，鼓浪屿还有半木风格（Half-timber Style）、蒙沙屋顶（Mansard Roof）、美国乡村别墅风格和闽南传统建筑红砖大厝等，也是必须加以保护的遗产。

初 版 后 记

　　1983 年，我走出机关，来到鼓浪屿，筹建厦门博物馆。每天清晨离开家门，八点以前到达八卦楼，中午以快熟面为餐，前后八年有余。

　　八年中，我接待过许多中外朋友，他们对鼓浪屿的建筑艺术十分感兴趣。有一次，我陪新加坡一位建筑设计师参观鼓浪屿时，他不停地拍摄房子的门、廊、窗、顶等的细部特征。我问其缘由，他说："这些建筑艺术在新加坡已见不到了，真想不到英国维多利亚和伊丽莎白时代的建筑在这里表现得如此丰富，这对我今后的设计颇有帮助。"后来，日本筑波大学社会工学系吉川博也教授来鼓浪屿调查西欧、北欧风格的建筑时也说过，他到过西欧、北欧，还没有发现在一个地方有如此众多的建筑式样，中国也只有鼓浪屿才有，建议进行维修，并以文化遗产的名义加以保护。

　　其后，我在组织博物馆的厦门历史陈列时，对鼓浪屿的街路、别墅以及别墅里的人和事有所了解，对它们的文化积淀深有感触。于是，我开始积累资料，记录卡片。1991 年，我奉命退休后，闲来无事，就整理旧存，发现有关鼓浪屿别墅的资料已经盈尺，卡片也逾百页。细细读来，这些资料卡片里的故事，诉说了鼓浪屿一段不短的历史，也记录了我人生驿站里的一份辛劳。

　　1996 年 3 月起，我以《鼓浪屿建筑丛谈》为专栏在《厦门晚报》连载了这些篇章后，接到许多电话，为我补充材料，建议写得更详细些，这对我是很大的鼓舞。厦门市政协经济城建委主任、原市规划局局长李茂荣同志约我见面，他说，你这组文章有建筑艺术，有旅游景观，有历史资料，许多方面都有价值，你为厦门做了一件好事。他索阅了原稿，并建议我扩大写作对象的范围，除了几座著名的别墅外，有特色的、有代表性的民居建筑也写一点；他还要我写几条街道，而后汇集出版。

一年多来，在采访核实资料的过程中，我认识了许多新朋友，他们给了我很多鼓励，还提供了不少鲜为人知的资料，并希望集子能早日出版。不少朋友对我说他每篇必读，并剪贴成册；鼓浪屿旗山居委会的一位女主任还给我看了她剪贴的本子，这给我以极大的鼓舞和慰藉！

一年多来，我数十次到鼓浪屿采访，核对资料，现场观摩，别墅的主人都热情地接待了我，为我介绍情况；有的还为我提供了祖传的资料、照片，甚至将当年建造别墅的"承包合同"也给了我；还有的坦诚地告诉了我许多"私密"，这令我十分感动；有的别墅主人还邀请我去做客，一起讨论鼓浪屿的建筑艺术和鼓浪屿的城市建设，并为我修改稿件。特别值得庆幸的是，我在阅读《弘一大师传》时，发现弘一大师曾到"了闲别墅"讲过经，可我对了闲别墅一无所知，虽多次访问住户和有关人士，仍不足以组成一篇"千字文"。一天，我信步走进了了闲别墅的花园，进门的时候，一对老年夫妇也跟着我入园，原来他们就是曾在了闲别墅住了20多年，现在沈阳铁路局任高级工程师的郭宗颢先生和他的夫人。他非但详尽地向我介绍了了闲别墅的来龙去脉，而且回到沈阳以后，还抱病给我写来三封信，介绍与"了闲"相关的人和事，使我感佩不已，至今我们仍保持通信。

我在写作《鼓浪屿建筑丛谈》的过程中，越写越感到鼓浪屿的深奥。鼓浪屿是一部写不完的书，我做的这份工作，只不过是这部书中的一个小点，可就是这个小点，也是许多朋友包括原来不认识的朋友给了我许多帮助才完成的：陈方青、苏茂才先生多次冒酷暑拍摄照片；许巨星先生也从他多年的积存中贡献出了他的摄影作品；张昭明先生更是将全部《鼓浪屿建筑概览》的照片交给了我；吴瑞炳、龚鼎铭、洪泓、何丙仲、吴剑隆、陈国强、黄子安、练维贤、王守桢、白家欣、肖扬、黄刊治、杨汉强等先生、女士们也给了我许多指点和帮助，其中有的还陪同我采访、观摩现场；市图书馆特藏部诸位同志为我提供了许多方便，主动帮助我查找资料；《厦门晚报》的朱家麟、黄静芬同志对我的稿子倾注了不少关怀；我的次子龚健，随时跟我赴鼓浪屿拍摄照片，解决了发稿时的急需。在《鼓浪屿建筑丛谈》一书即将付梓之际，我以十分欣慰的心情，向所有关心、帮助过我的先生、女士们表示最诚挚的谢意！

我要特别感谢我的老朋友、泉州市博物馆原馆长张家羌同志，他在繁忙的商务活动之余，为我筹划出版事宜，给予很大的支持，并欣然答应作为本书的顾问。

我还要感谢我的新朋友、台湾的许秋琼女士，她平时除阅读每篇文章外，还特意交代秘书剪下裱贴成册，并十分热情地对本书的装帧编排提出了颇有见地的建议，使我颇受启发，同时她也给了我不小的支持。

写作《鼓浪屿建筑丛谈》，是一次认真的多方位的学习过程。对于建筑语言特别是繁复深奥的中国古建筑语言，不是一学就能掌握的，我常拿着照片到建筑施工工地请教建筑设计师，他们的讲述使我受益匪浅；尽管如此，我在文稿里还是说了一些外行话，甚至错话。鼓浪屿有1000多幢各式别墅，我这次写到的大约只有十分之一，且有的资料也不够完整，描述也不尽恰当，现将《厦门晚报》刊发的55篇，加上其他报刊发表的14篇共69篇文稿，进行增删修改，结集出版，作为香港回归祖国的献礼。

我才疏学浅，错讹难免，敬希方家和读者继续给我指点，以期在将来有机会再版时补充修正。

1997年6月于厦门寓所

新 版 絮 语

　　《鼓浪屿建筑丛谈》出版发行近 10 年了，各方对它十分厚爱。有人带着它上鼓浪屿按图索骥，欣赏老别墅的风采；有人借助它为脚本，编成别样风情的散文集、游记、图册，延伸着老别墅的生命；还有人从台湾地区，以及海外波士顿、巴黎、法兰克福、东京、新加坡、马尼拉等地来电索要书籍；更有单位或个人将其作为礼品赠送给来厦门考察、旅游的团体和友人。厦门市文联主席、著名诗人舒婷在她的文稿里称它为一本"百看不厌"的好书。最有意义的莫过于这本小册子的问世，使不少人了解了鼓浪屿的老别墅，并促使老别墅成为厦门旅游的品牌，更推动老别墅进入历史风貌建筑范畴，有关部门还出台了有关保护条例。所有这些，给了我莫大的激励，我也颇感欣慰，正如许多人对我说的"你为厦门鼓浪屿做了一件好事"！

　　拙著出版不久，有一个香港书商见了，要求出繁体字版本并附英译到境外发行。事情进展得很顺利，并已进入打字编辑程序，可由于某些条件的变故而停了下来。紧接着又有一个行政管理单位要重印它，用作业务辅助材料，相关操作程序正在进行之中，又因决策者的因素而夭折。到了 2004 年，《鼓浪屿建筑丛谈》全部售罄后，仍不时有人与我谈起再版事宜。我考虑到书店里另有拙著《到鼓浪屿看老别墅》一书行世，正在似乎没有再版的必要，故一再推辞。直至今年 8 月，市邮政发行局的同志找到我说，许多人要订购《鼓浪屿建筑丛谈》，可断档已久，希望再版。经过协商，我同意再版，唯必须修正错讹，增补新内容，

改善书形纸质后应市，并易名为《鼓浪屿建筑》。

于是，我仍坚持凌晨起床，以清新的思维，对全书逐字审校一过，删去错讹，增补新篇近三分之一，使再版新书尽可能完善一些。但文章内容仍坚持简明扼要、点到为止，不作冗长的描绘。形式也大致保持一墅一照，不附加次要的资料和图片，基本保留了原版的风格。

保护好鼓浪屿建筑，特别是老别墅，就是保护了鼓浪屿的人文历史、民俗文化，越来越多的厦门人包括鼓浪屿人已认识到这一点，这是十分可喜的。而且有关方面已经行动了起来，坚持"修旧如旧"的原则，修缮了好多幢历史风貌别墅建筑，有几幢已成为今后修缮保护的样板，这应该说是鼓浪屿的福祉。

拙著新版之际，我仍然铭记着给过我很大帮助的菲律宾国际商业公司董事长王芳泽先生、泉州市博物馆原馆长张家羌同志、厦门太榕艺品公司董事长台湾宜兰的许秋琼女士，以及李茂荣、吴瑞炳、王晓玲等诸多朋友的诚挚情谊，再次一并深谢了！

作　者

2006 年国庆节于听海楼

重印说明

　　蒙读者厚爱，《鼓浪屿建筑》又已售罄。三年来，许多游客手拿《鼓浪屿建筑》在鼓浪屿小巷里按图索骥，遇有疑问，还通过导游或有关人士向我咨询，要我进一步解说某幢老别墅里发生的故事，我也尽我所知满足了他们的要求。由此，不少读者建议将书名改为《鼓浪屿老别墅》，并要求增加篇幅。今乘重印之机，我接受读者建议，将《鼓浪屿建筑》易名为《鼓浪屿老别墅》，内容没有大的改动，只增加了一篇《鼓浪屿老别墅的厦门装饰风格》。厦门装饰风格的定义，是鼓浪屿在申请世界文化遗产中认定的，对观赏鼓浪屿各个时期老别墅的建筑艺术、建筑风格更为规范，借以回答读者诸君的垂询，特此致意！

龚　洁

2010 年 3 月 10 日于听海楼

图书在版编目(CIP)数据

鼓浪屿老别墅/龚洁著. —厦门：鹭江出版社，
2010.4（2024.2 重印）
ISBN 978－7－80610－415－6

Ⅰ.鼓…　Ⅱ.龚…　Ⅲ.建筑艺术－厦门市
Ⅳ.TU－862

中国版本图书馆 CIP 数据核字（2006）第 161458 号

GULANGYU LAO BIESHU

鼓浪屿老别墅

龚 洁 著

出版发行：鹭江出版社

地　　址：厦门市湖明路 22 号　　　　邮政编码：361004

印　　刷：福建新华联合印务集团有限公司

地　　址：福州市晋安区后屿路 6 号　　邮政编码：350011

开　　本：700mm×1000mm　1/16

印　　张：13.75

插　　页：4

字　　数：179 千字

版　　次：2010 年 4 月第 2 版　　　2024 年 2 月第 7 次印刷

书　　号：ISBN 978-7-80610-415-6

定　　价：36.00 元

如发现印装质量问题，请寄承印厂调换。